12 Life Lessons from
Quantum mechanics & chaos theory

量子力學與混沌理論的人生十二堂課

林文欣／著

八方出版

生命的原理是量子力學
人生的計算是混沌理論

我是誰，我從哪裡來，要到哪裡去，被稱作哲學三大終極問題，
其真相盡在量子力學及混沌理論之中

物理學家總喜歡說宇宙是數學寫出來的
上帝是數學家
數學建構了相對論、量子力學與混沌理論

生命是量子力學
人生是混沌理論
生命的舞台背景就是相對論與熱力學

混沌理論在時間上是前因後果的貝葉斯演算法
在空間上是全像宇宙投影的分形理論

當現代科學碰上宗教與哲學
當量子力學遇上老子、佛陀、柏拉圖與康德

「平行宇宙」目前是量子力學的最大共識，
同時宇宙存在兩個空間的發現，
也漸漸形成「萬有理論」的基本概念，
稱為「全像宇宙論」。

宇宙是什麼？

科學家推導出：
宇宙是由 26％暗物質、70％暗能量與 4％物質世界所組成的。

哲學「唯心論」：
世界是靈魂、思想與外在環境的互動進化。

量子力學的「全像原理」：
三維物質世界是黑洞裡二維資訊碼的全像宇宙投影。

對宇宙最精確最完整的描述，則是「資訊論」：
黑洞是一部巨大量子電腦，
物質世界的萬事萬物都是，
黑洞裡的（初始值＋經驗值）的演算法的虛擬全息影像。

　　本書將深入淺出及淺顯易懂的剖析宇宙與生命的本質，其原理盡在量子
力學與混沌理論之中，流程圖如下：

外在資訊值（物質世界的像素粒子）

 透過感官接收
（視聽嗅聞觸）

傅立葉轉換（質能方程式）：將粒子轉換成能量

將能量的電子信號頻率傳至大腦

 大腦處理中心

雲端意識數據庫

費曼路徑積分：讀取歷史經驗值

深度學習的貝葉斯演算法：當下「選擇」的因果關係計算

儲存計算結果的經驗值

傅立葉轉換（分形理論）：將計算結果的能量轉換成物質粒子

量子糾纏打開蟲洞，松果體的矽洞接收：投影成三維物質世界

左腦將計算結果轉換成語言，並指揮腺體產生情緒反應

 透過感官的所見所聞

　　過去四年間，摯愛的父母，相繼離世。我的人生，面臨前所未有的崩裂瓦解。死亡的衝擊，激發了我對生命的思考。我反覆質問自己：如果人死如燈滅，我的痛苦，又有何意義？反之如果靈魂永生不滅，我的傷心，是否更顯得愚癡？但這兩種假設，都無法療癒我的悲痛。於是，我開始積極投入各種宗教尋找答案。最終發現，某些以宗教為名的聚眾活動，充斥人為與排他的色彩，做不到純淨無私，更無法滿足我對真理的追求、與靈魂成長的渴望。

　　就像提倡「光化呼吸」的姚秀美醫師比喻：「宗教好比魚塭，提供魚兒暫時的避難所，但所有的生命，終將靠自己的力量，找到水路，回歸大海的懷抱。」

　　尋找回家的路，這是人類的本能渴望；來自宇宙回歸宇宙，實屬應然、也是必然。因此當我在臉書上，看到林文欣的《生命大數據》，深入淺出的用量子物理來解釋人在宇宙中的位置，以及和物質世界的對應關係，深獲我心。或許這和我喜愛的佛法相呼應，讓我頗感共鳴；即使目前我仍在魚塭裡和其他的魚兒們相濡以沫，但嚮往有朝一日，能享受游向大海的廣闊、開放、與自在。

　　究竟人類從何處來？要往何處去？有沒有前世今生？？？……這些大哉問，從來就沒有放諸四海而皆準的答案，或許也不需要有。宗教一如政治，免不了集體意識的投射；累世的習性，決定了我們的信仰。佛家說，人有隔陰之謎。身處物質世界就該活在當下。即使眼前的一切，都是稍縱即逝的幻象，但我們的功課，不就是要以假修真？在真假之間穿梭自在、收放自如，

像演一場戲，更像玩一場遊戲、做一場似幻似真的夢。

　　雖然至今，我對量子力學的理論仍不甚通透，但似乎已經心領神會了精華所在，即：「人類是寰宇家族的一分子」。這種歸屬感，能讓我放下親人死去的悲傷、擺脫名利場中爭逐的慾望、明白了物質世界並不是你死我活、體會了大同世界並不是天方夜譚、宇宙大愛才是所有追求的最終答案。這種廣袤無私的愛，讓我雖然形單影隻，卻覺飽滿豐足。

　　馬奎斯的《百年孤寂》有一段話：「無論走到哪裡，都應該記住，過去都是假的。回憶是一條沒有盡頭的路……惟孤獨永恆。」

　　謝謝林文欣，傳遞了善知識，讓我雖然孤獨，卻不懼怕；讓我在曾經的死蔭幽谷中看到了一線柳暗花明；讓我決心擺脫過去的綁架，勇敢大步邁向未來。

資深媒體人 蕭裔芬

　　因果不會因為你的相信就存在，
　　也不會因為你的不相信就消失。
　　因果的鼓聲一直都在，
　　你是那正在擊鼓的人！

　　宇宙是數學演算法創造的，
　　我們永遠無法脫離因果關係，
　　只能加入天命的初始值一起計算，
　　如此才能改變命運。

目錄

CONTENTS

PART **1** | **宇宙的精心設計：**
意識創造宇宙

■ 第一堂課｜電子雙縫實驗：　032
　別懷疑，你的宇宙，是你的意識創造的，量子力學是這麼解釋的。

■ 第二堂課｜全像原理：　041
　世界是心的投影，宇宙不是物質，而是心智與心靈。

■ 第三堂課｜暗物質與暗能量：　054
　生命是由三股力量所組成──業力、無常力與願力。

PART 4 天命的願力：
靈魂使命與天賦的創新

PART 5 命運的改變：
是你來到世上唯一的使命！

一切都是自己的安排
也是上天最好的安排

那裡在哪呢？
那裡是你原本的真實家園，
而你剛從虛幻的夢境中醒來！

剛退伍時，大學同學說要考外交特考，當時我很驚訝的說：
成大工管系可以考外交特考嗎？

結果他考上。

後來，他成為外交部最年輕的司長，2018 年按部就班當上政務次長。他一直很優秀也很努力，我堅信他能如願當上部長，直到換了不同黨派的部長後，就直覺優秀是敵不過政治。果然，不久的新聞報導就說他從外交部政務次長裸退獲准。

人生總有繁華盡落的時候，我們總像蒲公英般隨風飄零，直到落地才猛然發現是一場夢。這時，假如生命沒有一個有天命的靈魂在，那就像無根浮萍般隨波逐流，生命終究是毫無意義的。

這讓我想起另一個高中同校同學：柯文哲。

那年的新竹高中畢業典禮，在禮堂外等候進場時，同班同學指著一位自信滿滿的同學說：他就是柯文哲。當時，他是醫科模擬考第一名，而我是理工科模擬考第一名。

畢業後再也沒見過他，直到有天在電視新聞上，看到一個熟悉的臉孔說要競選台北市長時，那個高中印象的柯文哲才浮現出來，這麼多年，氣質都沒變。

大學聯考，因為數學的考試內容突然大翻新，結果數學只考八分。幸好成大工管系沒有數學最低標準的限制，不然有可能落榜。柯文哲也因數學才考30分而考上第二志願陽明醫學院。

後來，柯文哲好像又重考，不然他怎會是台大醫學院畢業。而我家裡窮，典型放牛吃草的小孩。雖然沒考好，但有國立大學可以讀，已經心滿意足。

大一的「電磁學」，一學期讀下來，竟然聽不懂。讀了幾年工管系後，才發現自己根本是讀管理科系的料子。所以，當年就算我考上台大電機系，不用三天就讀不下去，最後只能重考。如果重考，我最好的志願選擇，還不是又落到理工科系中唯一的管理學系：成大工管系。

人生很多事情的發生，在當下，往往「意義」是不會馬上浮現。總是有許多彎路要走，只有在日後等你穿越時光去拼湊一片片記憶時，才會有一場場的恍然大悟：原來，**一切都是有意義的，一切都是上天最好的安排。**

我還記得北一女有道數學模擬考題，答案是 15，但我認為應該是 30，不久學校模擬考也出這道考題，到了聯考居然還第三次出現，但我還是堅持選 30。假如那時我妥協的改選 15，或許整個命運就大為改觀。

如今我會覺得那是我靈魂意志力的堅持。這件事也讓我相信每個人的命運都是有軌跡的，靈魂的投胎可不是隨機，我們是懷了一個偉大的天命來到世上。

沒有巧合，一切皆是機緣。柯文哲堅持讀台大是接續爾後選台北市長甚至總統大位，而我深信，讀工管系是跟我的天命有關，是**靈魂透過天命將意**

義賦於給宇宙，而不是宇宙將意義賦於給生命。

　　退伍後，應徵台塑企業，口試表現非常的糟糕，但最後卻被錄取的原因好像是：「不是富家子弟、不會出國念書及成大的純樸校風，而這些都是台塑企業文化最喜歡的特質。」**什麼樣的能量頻率就會吸引相同能量頻率的人事物**，這是天經地義的事，絕非偶然。

　　慢慢我也體會到，家裡窮及數學考八分，是有其重大意義，原來**不完美及意外人生才是生命的關鍵轉折點。**

　　生命的意義是藏在於「意外人生」中，若沒有外在因素的干擾，你的命運會是一成不變。人生中當然會有許多小波瀾，但那也改變不了累世所積累下來的業力。但卻有那麼一天，突然某件事或是某個人，闖入你的人生軌跡裡，不管是福還是禍，那是要來幫助你成長，讓你領悟生命的某種意義的。

　　意外才會有精彩人生，也是生命意義之所在，那時我終於領悟到，原來「無常」才是掀開生命真相與意義的關鍵。

　　我們總是說，要好好活著，要積極正面，因為我們終究要死去。這是極大的誤解！因為生命的真相是，**我們從來就不會死，我們是懷著使命及天賦來到世上的。**僅僅好好的活著是不夠的，僅僅充滿正能量是沒有任何意義的。

　　求學時就很熱衷哲學的無窮探索，年輕時也寫了幾年電腦程式，後來專職當企管顧問時，一直是運用在台塑企業所學到的目標性策略規劃，專門幫企業轉型。直到年紀漸長，就想一窺生命真相，漸漸就接觸到佛學，也因為佛學過於艱澀，才轉向量子力學。

　　然後，突然有一天，我發現宇宙法則，其實只有一套，不管是聖經、佛經、易經、道德經、莊子、柏拉圖、康德，還是物理學的波粒二元性、反物質世界、平行宇宙、全像原理，或是心理學的潛意識、瀕死經驗等等，都指

向宇宙存在兩個空間。

其實，宇宙是一部巨大的計算機，是一種「兩個空間及三個自我」的策略規劃的計算過程，如圖，其目的是為了宇宙的進化與生命的創新，本質上是一種有天命的學習成長過程。

宇宙組成：**兩個空間**		
哲學	絕對真理 永恆不變	相對真理 一直變化
量子力學	「能量形式」的波 無形	「物質性」的粒子 有形
物理學	微觀世界：量子力學	宏觀世界：相對論
全像理論	二維資訊碼 真實存在 高維度空間	三維全像投影 生滅不息的虛幻投影 四維空間
老子	無形的天、天道	有形的地、人間事
佛學	真空不空	虛幻世界
西方思想	神性 精神世界	人性 物質世界
柏拉圖、康德	理念世界 真實永恆 無法驗證	現實世界 反射影子 可以驗證

因此，我整合了這些理論與學說，撰寫了人生第一本書：《生命解碼：從量子物理、數學演算，探索人類意識創造宇宙的生命真相》。

愛因斯坦很年輕就獲得極高殊榮，但後半輩子的科學研究卻很孤單，毫無進展，最後是被「量子糾纏」證明他對唯物論的堅持是錯的。繼愛因斯坦

之後最偉大的物理學家霍金，則因「霍金輻射」理論而一砲而紅。

量子糾纏及霍金輻射都說明了宇宙有兩個空間，像近來最熱門的「全像原理」，在維基百科中就有這麼一段的描述：「**目前所見的宇宙是真實宇宙的投影，整個宇宙可視為一個呈現在宇宙學視界上的二維資訊結構。**」

這個「全像原理」表明了：

一、另一空間的宇宙才是真實宇宙，我們這個可見宇宙只是一種投影。
二、真實宇宙是一種二維資訊碼，代表宇宙的核心是資訊，宇宙是一部巨大量子電腦。

新科諾貝爾獎得主，引力波三巨頭之一的基普‧索恩說：「15 年內有望解開宇宙誕生的秘密。」這是因為科學家正積極探索另一空間的暗物質與暗能量，那是靈魂的家鄉，儲存了所有生命意識的雲端二維資訊碼數據庫，而2016 年引力波的成功偵測，將會被大量應用於如何成功探索暗物質與暗能量的真實蹤跡。

物理學家一致都認為有平行宇宙的存在，這代表靈魂是在每個不同的宇宙中，扮演了不同的角色。

每個靈魂都是獨一無二與平等的，只有學習等級上的差異。就像鑽石都是七彩光耀的，只因鑽石上有灰塵，光就不顯露，我們表面的不平等，就像鑽石上的灰塵，厚薄不一樣，但我們的靈魂初心都如鑽石般大放光芒，都是相同平等的。

像郭台銘雖然是首富，但在靈魂學習等級上，或許只停留在第五級，他下次投胎時，就不會再選擇體驗首富，而是會往更高考驗的等級。

而當你正陷入極大困境時，或許前世你早就曾是首富過，此時只不過正在體驗與改善比前世更高等級的天命。

　　當有一天，你碰到一位極度潦倒但心靈平靜的人，請不要輕視他，有可能他已經是最高等級的老靈魂。此時傳統的成功對他了無意義，物質對他而言不再重要。

　　所以，靈魂都是一體，沒有貴賤好壞之分，都是帶著天命來到世上學習成長，並將創新的智慧貢獻給全人類。每個靈魂都值得被寵愛，相信我們內在的那股力量，它是來幫助我們在看似混亂的世界裡找到方向。

　　當我們認清宇宙有兩個空間，並且了解到真實宇宙是在另一個空間時，你就會**看重自己的天命，看輕環境的磨練**，因為人生是一場不斷遇見最初最美最真自己的旅程。

我們來到世上的一生功課●
就是與自己好好相處

「我」是什麼？

通過深入的自省，你會發現所謂真正的「我」，不過是一堆體驗和記憶材料的堆積罷了。我們具有感知力的自我，無法在世界影像中被找到，因為自我本身就是這世界的影像。

——薛丁格（量子力學大師）

奧地利物理學家薛丁格「推導」的「波動方程式」，被視為 20 世紀最重要的成就之一，主導量子力學的革命。最著名的物理思想實驗是他提出的「薛丁格的貓」。除了量子力學，還著有《生命是什麼？》，提出了「負熵」的概念，發現 DNA 雙螺旋的沃森與克里克表示受薛丁格影響頗深。薛丁格可說是量子力學與分子生物學的重量級大師。

薛丁格認為生命是一堆經驗值（體驗與記憶）的量子資訊碼 Qbit，是不斷的被創造與儲存堆積，而且生命本身就是宇宙的世界影像：你的念頭想法就是宇宙，宇宙就是你的念頭想法，你一直不斷在起心動念的想法（感知的自我）就是這世界的影像，連續播放的宇宙影像。

經驗值就是你，經驗值就是宇宙，你就是宇宙！

現代物理學是建立在兩套基礎理論之上，一個是愛因斯坦的廣義相對論，它研究的是一個巨大質量與物體的宏觀世界，也是一個有規律的世界，如星球、星系及整個宇宙。另一個是量子力學，它研究的是一個最微小粒子的微觀世界，也是一個充滿不確定的世界，如原子、電子及質子。而在哲學方面則有物質世界與精神世界，如果深入探討，你會發現：微觀世界就是精神世界，宏觀世界就是物質世界。

　　這兩套理論均能完美的描述各自的世界，但兩者卻不能同時成立，並且是互相矛盾，完全不能相容。不過物理學家經過了數十年的研究與實驗，提出了一個基於資訊理論原理的宇宙統一理論：

兩個世界是透過量子糾纏打開蟲洞來相連接，而物質世界是精神世界的一張「全像宇宙投影」。

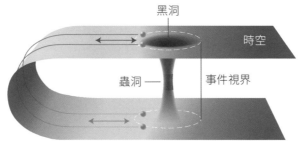

只有在黑洞表面的粒子是量子糾纏的情況下，蟲洞才會將兩個黑洞連接在一起。

一旦糾纏被破壞了，蟲洞也將斷裂。

▲全像理論。

　　這種觀點非常有趣，如此說來，時間的流逝及引力的存在都只不過是資訊糾纏編織的結果。

　　你一定認為這個「全像原理」只不過是物理學的邊緣理論。它剛開始確實是一個相當瘋狂的想法，不過這個理論是有非常堅實的實驗與理論基礎。所以，當初認為全像理論是一派胡言的霍金，最終也不得不接受了它的結論。因此，現在我們可以相對自信的推導基於全像原理的哲學解釋。

　　這個哲學解釋是傾向於唯心論：量子就是意識的資訊碼。研究量子力學，其實就是在研究內心的精神法則，因為黑洞裡的精神世界才是真實宇宙，你的經驗值的所見所聞與所作所為，就是一種可以被計算、創造及儲存的意識量子資訊碼 Qbit！

　　當黑洞裡投影源的意識量子資訊碼（經驗值），被連續播放投影成物質世界時，這就是世界影像，就是時間流逝。因為念頭想法本身就是這世界影像的投影源，也是一種可以被計算與儲存的宇宙（能量），而真正的你則是投影者：永恆觀察者（靈魂）！

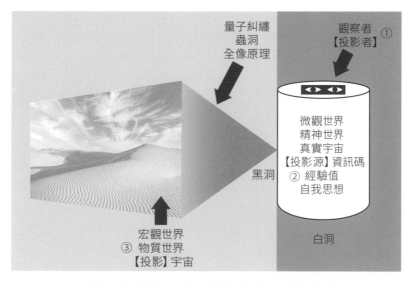

▲三個我：永恆觀察者的我，經驗思想的我，肉體投影的我。

　　來到世上的我，是一種虛擬投影的肉體感知，真的是一場遊戲一場夢，這是一場「因果關係電腦程式」已寫好的模擬遊戲，也是一場只有你是唯一真實存在的「愛麗絲夢遊記」。只有在黑洞裡的觀察者是真實存在，其他都是觀察者經驗他自己，所產生的幻覺！

　　你是「前因後果」這個遊戲，宇宙大爆炸之前的初始值與目標值，也就是你的天命（天賦與使命），同時也是遊戲中：

★外在物質世界的無常資訊值的（輸入）接收者：所見所聞。
★內在精神世界的主觀經驗值的（因果計算處理後）儲存者。
★創造及投影自己的世界影像的（輸出）本體者：所作所為。

整個過程，只有你一個人，其他都是你的體驗素材而已，確實是一場遊戲一場夢！而在一場遊戲一場夢後，只會留下二樣東西：

永恆不滅的「靈魂初始值與體驗過後的記憶經驗值」。

當你了解這一切後，你才會頓悟夢醒，才會認識到**「我們來到世上的一生功課，就是如何與自己好好相處！」**對你而言，只有你是真實存在，其他人只是你內心投影出來，配合你成長的 NPC 陪襯人物（非玩家角色）而已。

今生學習成長的課題是有一定的軌跡：

認識自己→接納自己→喜愛自己→相信自己→改變自己→超越自己→完成上天所設定的天命。

你無須與別人攀比，也無須符合別人的期待，所謂的聚散與無常，最終都是成長，你只要專心做自己！

當你回顧一生，領悟最深的是「天命」：我們是依約而來到世上，一切都是自己和上天之間所約定的事，而不是和他人之間的糾纏。是臣服於天命而不是糾纏於宿命！不要試圖去改變別人或是受他人影響，唯一要做的，就是做自己。

Mother Teresa 特蕾莎修女的這首詩《不管怎樣》：

人們經常是不講道理的，沒有邏輯的，和以自我為中心的，不管怎樣，你要原諒他們。

即使你是友善的，人們可能還是會說你自私和動機不良的，不管怎樣，你還是要友善；

當你功成名就，你會有一些虛假的朋友和一些真實的敵人，不管怎樣，你還是要取得成功；

即使你是誠實的和率直的，人們可能還是會欺騙你，不管怎樣，你還是要誠實和率直；

你多年來營造的東西，有人在一夜之間將它摧毀，不管怎樣，你還是要去營造；

如果你找到了平靜和幸福，他們可能會嫉妒你，不管怎樣，你還是要快樂；

你今天做的善事，人們往往明天就會忘記，不管怎樣，你還是要做善事；

即使你把你最好的東西給了這個世界，也許這些東西永遠都不夠，不管怎樣，你還是要把你最好的東西給這個世界；

你看，說到底，它是你和上天之間的事，而絕不是你和他人之間的事。

同時我們也會隱約了解到，其實，我們都被關在自身心智習慣的牢裡，除非了解自己是如何被自身欲望所制約，否則我們會一直被困在那些欲望製造的幻象中。

我們必須認清人是沒有自由意志的，這點非常重要，也是覺醒的關鍵，它有二個含義：一是人是受到經驗值的潛意識所控制，一點也不自由，是被自己的心智習慣所囚禁，二是我們看到的世界只是一種投影幻象，包括我們自己的身體，都是經由我們的經驗意識所重新加工塑造的。

　　因此，我們別妄想可以用虛幻的自由意志來改變命運，事實上，只能乖乖認命的透過自我反省與學習成長來扭轉命運。

　　學習成長有二個必要的基本步驟：一是必須先確定方向與目標，人生的 GPS 導航系統就是靈魂的初始目標值，也就是天賦與使命，二是完善有利於命運及修正不利於命運的經驗值。

宇宙是一個
巨大的意識體

量子力學就是一部找到宇宙「意識數據庫」的追尋史，生命從創世紀以來所有體驗過後的紀錄，全部都儲存在宇宙「意識數據庫」裡。

我們是一體的：
All is one，one is all。

　　你的意識就是你的宇宙，你的宇宙就是你的意識。宇宙是一個巨大的「雲端意識數據庫」，所有基本粒子都是帶有思想的訊息，並相互間做訊息傳遞。

　　量子力學之父普朗克就說：「世界上根本沒有物質這個東西，物質是由快速振動的量子所組成！所有物質都是來源於一股令原子運動和維持緊密一體的力量，我們必須認定這個力量的背後就是意識，它是一切物質的基礎。」

　　愛丁頓爵士也說：「我們總是認為物質是東西，但現在它不是東西了；現在，物質比起東西而言更像是念頭。」

　　沒錯，這些偉大的科學家說的正是：有形的世界是無形的念頭所產生的，如下圖。

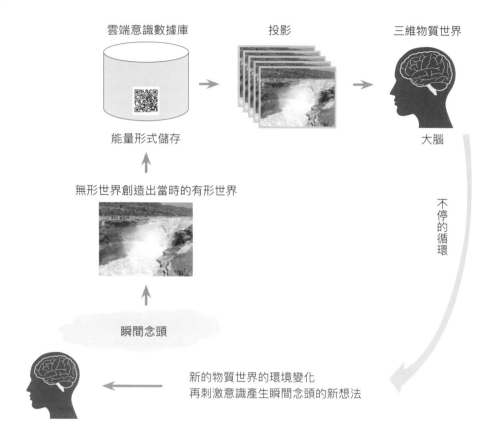

雲端意識數據庫　　　　　投影　　　　　三維物質世界

能量形式儲存　　　　　　　　　　　　　　　大腦

無形世界創造出當時的有形世界

不停的循環

瞬間念頭

新的物質世界的環境變化
再刺激意識產生瞬間念頭的新想法

▲ 有形世界是無形世界依據瞬間念頭所產生的。

　　宇宙本身就是一個巨大的意識體（數據庫），每個靈魂，都只是其下一層的一個資料夾，而每個靈魂資料夾的下一層，又有無數個每一世的資料夾，在每一世資料夾的下一層，就儲存著那一世我們從出生到現在，每一個瞬間念頭所創造出來的有形物質世界，也就是記憶資訊碼：經驗值。

　　宇宙維度是一種電腦檔案結構，不同階層的資料夾代表著不同的維度。無限是可以比較大小，因為上一層資料夾的無限，就比下一層的無限還大。而在最上頂層的無限，就是偉大數學家康托爾所說的上帝的無限。

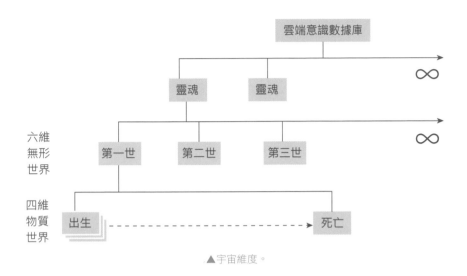

▲宇宙維度。

　　宇宙就是一個浩瀚無窮的巨大意識數據庫，這個數據庫有如一個異常黑暗的圖書館，裡面儲存了所有意識從創世紀以來所創造的所有經驗值，這些經驗值宛如一本本書籍，每一本書都是我們在每一世所自動記載的人生紀錄。而我們的大腦就像是一台探光燈，照射到哪裡，哪裡才會光明顯現出來。此時我們看到的都是浩瀚宇宙的極極小部分，永遠不會是完整的絕對真理，除非我們升起太陽（上帝視角）照耀整個圖書館。

　　這個「雲端意識數據庫」裡面包含了從創世紀以來，所有人類的生活經歷和生命進化的集體經驗，是一個涵蓋了一切人類的所有相關資訊的數據庫。分析心理學開創者的榮格就認為這個「意識數據庫」包含了人類所有的心靈與命運，人是可以從中獲取遠古的智慧，也就是說：它是遠古的智慧、天才的泉源、靈感的源頭及預知的根源。

　　我們所有的心，都在那裡，我們是一體的：All is one , one is all.

你的宇宙就是你，
你就是經驗值，
經驗值就是你的宇宙。

　　過去的你造就現在的你，然後，現在的你瞬間變成過去的你。你經歷過的一切，都會變成你生命中的一部分。生命只不過是一堆宇宙材料的記憶堆積罷了！

　　無論你遇見誰，他都是在你生命中該出現的人，這意味，沒有人是因為偶然進入我們的生命。每個在我們周圍和我們互動的人，都代表某種意義：

　　也許要教會我們什麼，也許要協助我們改善眼前的一個情況，生命中發生的人事物，都是來幫助你成長、為你量身定做的。

　　所以我們要感謝所有
　　遇過的每一個人，到過的每個風景，聽過的每首歌曲，看過的每場電影，讀過的每本書籍，流過的每滴眼淚，苦過的每次歷練，陪過的每隻毛小孩。

　　不管是好是壞，都已經化成經驗值，永遠儲存在靈魂的資料夾裡，成為靈魂的一部分。在那裡有從零開始的靈魂及已經累積了創世紀以來的經驗值資訊──記憶與智慧，非常珍貴，也造就了獨一無二的你。

　　那些曾經的前世記憶：

　　刻骨銘心的摯愛，努力不懈的奮鬥過程，峰迴路轉的心路歷程，這些點點滴滴都會永遠儲存著，並深深影響你的一生。

PART 1

宇宙的精心設計：
意識創造宇宙

■**第一堂課│電子雙縫實驗：**
別懷疑，你的宇宙，是你的意識創造的，量子力學是這麼解釋的。

■**第二堂課│全像原理：**
世界是心的投影，宇宙不是物質，而是心智與心靈。

■**第三堂課│暗物質與暗能量：**
生命是由三股力量所組成——業力、無常力與願力。

● 你是你的宇宙的「創造者」，你是你的生命意義的「賦予者」，你是你的生命目的的「目標者」，你是你的因果關係的「本源者」。

你看到的都是你自己；你喜歡的亦是你自己；你不喜歡的亦是你自己。

你在你書寫的劇本裡，你愛的、你恨的，都是你自己。

你變了，一切就變了。

你的世界，是由你創造的，外在一切境相，都是你顯化出來的；你是陽光，你的世界充滿陽光，你是愛，你就生活在愛的氛圍裡；你是快樂，你就是在笑聲裡。

同樣的，你每天抱怨、挑剔、指責、怨恨，你就生活在地獄裡。

一念天堂，一念地獄；你心在哪，成就就在哪；念由心動，相由心生；我，是一切的根源！

　　● 宇宙外面沒有別人，宇宙是在你心中，心外無物，心外無理，心外無事。你能做到的，只有：

　　認識自己
　　接受自己
　　放過自己
　　寬恕自己
　　喜愛自己
　　活出自己
　　超越自己
　　感謝自己
　　肯定自己
　　讚美自己
　　靜心自己
　　反省自己
　　激勵自己

　　至於其他的一切，都是假象，都是經驗你自己的幻覺，只是你的心的感覺而已！

　　● 最終決定你：
　　能走多遠、能過什麼樣生活的，是你自己。

　　要想活得精彩，就要懂得自我修煉。我們總是抱怨上帝關上的那扇門，卻忘記自己可以推開一扇窗。

　　世界上，從來沒有貴人。任何人的貴人，都是你自己。你才是自己最終和最好的歸宿。

電子雙縫實驗：

別懷疑，你的宇宙，是你的意識創造的，
量子力學是這麼解釋的。

你的宇宙是你的意識創造的，來自印度聖人尼薩加達塔，形容他自己心靈覺醒時說：「你會確鑿無疑的認識到，世界在你之中，而不是你在世界之中。」

在 20 世紀中，物理學家想了解具有粒子實體的電子，是如何通過雙縫？於是做了這項劃時代的「電子雙縫實驗」。

這項實驗，如圖，是將電子槍，向帶有兩條狹縫的擋板，**一次只發射一個電子**，然後射向螢幕上。

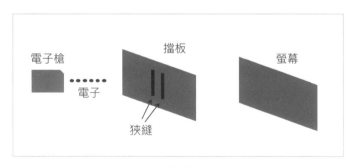

▲電子雙縫實驗。

物理學家原先認為螢幕上應該出現如下圖的雙縫條紋。

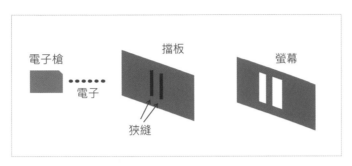

▲原先以為會出現雙縫的條紋。

實驗開始一個一個電子陸續發射：

當發射少量電子時，螢幕顯示電子只是以隨機方式出現在螢幕上，如圖的 b 及 c，但發射數萬個電子後，螢幕竟然開始出現跟光波一模一樣的干涉條紋，如圖的 d 及 e，顯然電子在抵達時才呈現「有形」的物質粒子，但在空間移動中，卻是呈現「無形」的能量波。

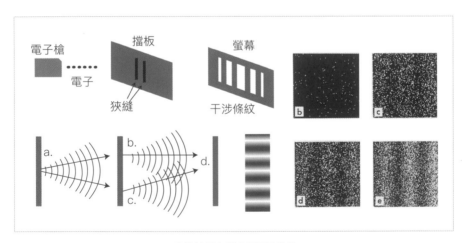

▲實驗結果竟然出現干涉條紋。

這個實驗震驚所有人，電子這個公認的有形物質粒子，在實驗中，竟然是以「無形」的能量波通過雙縫，原來**電子居然是看不見且沒有實體的能量**。

然而這還不是最嚇人的，當科學家繼續試驗，安裝了探測器（觀察者），如圖，企圖觀察電子是怎麼通過兩個縫隙時，它竟然變成有形物質粒子的雙縫條紋，而不是無形能量波才會有的干涉條紋。

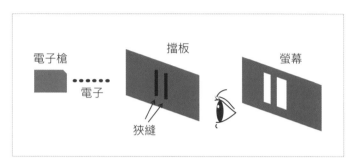

▲安裝探測器後，又變成雙縫條紋。

這個實驗說明了，宇宙（電子）你不觀察它時，它是無形的能量，只有當你觀察它時，才會變成可見的有形物質。也就是說：

沒有意識就沒有物質，沒有意識，宇宙只是一團無形的能量；
是你的意識創造了你的宇宙（物質世界），量子力學是建立在不可驗證的「觀察者」之上。

宇宙的本質原來是能量，能量是散佈在整個宇宙空間，是我們的思想將凡是皆有可能的客觀能量波塌陷成唯一的主觀物質粒子，而且還是生滅不息及瞬息萬變。

因此，宇宙的本質是「唯心論」的「意識創造宇宙」，而不是唯物論。是你的念頭創造了宇宙，創造了過去，創造了歷史；你的想法有多大有多美，這個宇宙就有多大有多美；你看到的物質世界，是你當時的想法所創造出來的。

你的世界就是你創造的宇宙，如果你的思維只有一個高爾夫球那麼大，你的世界就只有一個高爾夫球那麼大。

如果你的思維是沒有意義的，你的世界就不存在任何意義。

如果你的思維是無限寬廣，雖然身在斗室裡，你的世界會是無限寬廣。

如果你的思維是充滿希望，雖然身在困境中，你的世界會是充滿希望。

如果你仇恨一個人，你的世界就是充滿仇恨，他是魔鬼你就是在地獄，天堂或是地獄都是在你的一念之間。

不走出去，眼前就是你的世界，不走出去，你的思想就是你的世界，走出去了，世界就是你的思想。

所以，宇宙是活在我們心中，我們是活在自己的意識之中，你的宇宙只有你自己，外面沒有別人，物質世界只是生命的體驗素材而已。

量子力學之父普朗克就感嘆道：

「我對原子的研究，最後的結論是：世界上根本沒有物質這個東西，物質是由快速振動的量子組成！」他進而剖析說：「所有物質都是來源於一股令原子運動和維持緊密一體的力量，我們必須認定這個力量的背後就是意識，它是一切物質的基礎。」

英國愛丁頓這位偉大的科學家說：

「我們總是認為物質是東西，但現在它不是東西了；現在，物質比起東西而言更像是念頭。」

《時代》週刊 2006 年度人物約翰霍普金斯大學物理與天文教授李察‧亨利就說：「不要再反抗，接受這個不容爭辯的結論。宇宙不是物質的而是心智與心靈的，體驗生命，並享受生命吧！」

這三位偉大的物理學大師已經很明白的說：

「是意識的念頭創造了一切的物質。」

宇宙的本質是能量，能量就是正弦波長的組合，波長的反比就是頻率，所以萬事萬物都是一種特定的能量，也就是不同種類的頻率。

簡單的說：我是頻率甲，你是頻率乙，他是頻率丙，我家電冰箱是頻率丁，你家的狗狗是頻率戊。

對我而言，當我看到萬事萬物時，原本無形無色的頻率，才會經由大腦轉換成有形有色的物質影像。我看不到的萬事萬物，就仍是一團能量的頻率，不是一個具體存在的東西，直到我看到它們時，才會瞬間轉換成物質影像的粒子。這種轉換，就稱為「意識創造宇宙」，這是由量子力學的「電子雙縫實驗」所證實的。

因此，根本不是眼睛看到萬事萬物，眼睛只僅是在接收到外來萬事萬物的頻率（電子信號）後，才將這些電子信號經由神經系統傳遞到大腦的視覺中心處理。再由大腦利用過去的經驗法則，加工處理這些無形無色的頻率（能量），經過計算統計後，才將最佳推測的結果轉換成有形有色且具體的物質影像。這種物質影像也只是一種主觀意識的想像與投影。

萬事萬物，也就是宇宙，沒經過「意識觀測」前是無形的能量，觀測後才會轉換成有形的物質粒子。

接收外來能量資訊的頻率＋個人經驗的處理（意識觀測）＝物質影像，這樣就可以讓同樣頻率的事物，經過不同觀察者觀測後，就會產生許多不同的主觀物質影像，一念一世界。就像同一位女生，有人會覺得很美，但有人會覺得很普通。

所以說，不是眼睛，而是大腦看到萬事萬物。其實，也不是大腦看到萬事萬物，而是觀察者所創造出來的有形有色的萬事萬物影像。

觀測前的萬事萬物，是能量形式，稱為客觀宇宙；觀測後的萬事萬物，是物質影像，稱為主觀宇宙，是你的宇宙，是你創造的。

　　主觀宇宙與客觀宇宙的落差，通常都差距很大。人剛出生時的主觀宇宙是一片空白，人生是一場學習成長的過程，也就是生命是藉由主觀宇宙的不斷添加，來逐漸接近客觀宇宙的一種成長過程，而成長過程中留下的紀錄，就稱為經驗值，是永遠存在，並跟著靈魂一起走。這在數學上，稱為貝葉斯統計（詳見第十二堂課貝葉斯法則）。

　　既然，萬事萬物的本質是能量，是依據生命的經驗值將它們轉換成物質。因此，我們其實是被整個能量場所包圍，生命的真相是：「我們是存在於能量世界裡，體驗在物質世界裡，其實我們互動的對象是能量而不是物質影像。」愛因斯坦質能方程式的物質相同於能量，就是在說明這個道理。

　　宇宙的能量場是在黑洞裡，生命的真實宇宙是在黑洞裡的高維度空間，而你我所看到的物質世界，只不過是一種你我虛擬建構的影像而已。量子力學的「弦理論」認為宇宙最小單位是「弦」，而「弦」是蜷縮在黑洞裡的六維空間。物質世界是能量世界的投影，這在量子力學中，稱為「全像宇宙投影」理論。

　　最終我們可以這麼的說：「你」所體驗到的這個世界，其實是虛擬的，是你根據接收到的資訊所重新模擬建構出來的。所以，這個世界當然是虛擬的！你感覺到的一切，都是你自己的經驗所虛擬出來的一種體驗。

　　舉個最簡單的例子：

　　這個世界存在相同的顏色嗎？根本不存在。光是對不同頻率電磁波的主觀體驗，不同生命看到的就不一樣，甚至不同人體驗的顏色也都不完全一樣。

　　這個世界上存在相同的聲音嗎？根本不存在。

　　聲音是對不同頻率物理震動的主觀體驗，不同生命聽到的也不一樣，甚至不同人體驗的聲音也都會不一樣。

甚至你認為世上的鮮花都是色彩鮮艷的，但其他動物並不這麼認為，它們體驗的世界是以灰度來區分的；一個空曠山洞是非常寂靜的，但蝙蝠與昆蟲們可不是這麼認為的。

再說深一點：

世上真的存在實體的建築、山水、植物、動物嗎？事實上不存在，根本沒有「實體」，因為原子核和電子，在一個原子半徑中是非常非常的渺小。原子本身就是「空」，哪裡有什麼實體。你不能穿過任何東西，不是因為什麼實體，而僅僅是電磁力的排斥而已。

同理，世上真的存在你的親朋好友、同事、父母嗎？他們根本只是一堆運動的原子而已。「你」的肉體同樣也是一堆運動的原子。假設有其他維度的外星生命，他們觀看到的我們，也只是一團能量的波動。

同理，世上真有美美的女友嗎？女友也是一堆運動的能量而已，哺乳動物或外星人，根本不會覺得你女友美美的。美與醜只是一種對外來振動頻率的主觀推測而已，對不對？

再再說深一點：

世上真有球形的原子、原子核、電子嗎？不好意思，這也是你主觀的虛擬，現在還搞不清楚是粒子還是波？是能量還是物質？宇宙竟然有十一維？通通不了解！

說這麼多，究竟我想表達什麼呢？

很簡單，「你」所體驗到的物質世界，根本是想像與虛擬的。是你根據外來的資訊所重新虛構出來的。這個虛擬，不是高度文明外星人來虛擬，不是萬能上帝來虛擬，而恰恰是「你」作為觀察者的主觀意識所做的虛擬。是你將這些無趣的無形振動，虛構成一個五光十色的物質世界，一個千變萬化

的人生故事。這個世界是虛擬的，也是獨特的，也是唯一的，是和「你」一對一對應存在的。

　　你，就是你所體驗世界的創造者。宇宙是活在你的意識中。這個世界是你的專屬宇宙，世界原本無意義，是你的主觀意識賦予了萬事萬物的一切意義。

　　我們的一生只不過是一場「經驗你自己」的學習成長過程，所有的悲歡離合及喜怒哀樂都是我們自己創造的、想像的、虛擬建構的，你才是你的宇宙的主人，別人都只是陪你一起學習成長而已的。

　　人的一生大約會遇見 2900 萬人，有人會與我們產生非常緊密的關係，有人可能只是匆匆一瞥，每個人所認識的世界其實是所有關係的總和與互動。

　　英國著名的作家兼詩人王爾德，曾說：「愛自己是一場終生戀情的開始。」追根究底，人生中最重要的關係是自己跟自己的關係，最需要愛與溝通的人也是自己。因為，世上唯一陪我們生老病死的只有我們自己，唯一能夠徹底了解、懂你及知道你的夢想，你的需求，你的喜怒哀樂的也只有你自己。

　　生活中種種的煩惱，皆源自於我們不能處理好與自己的關係，所有與他人的關係，最終都可歸根為與自己關係的投影。如果跟自己生氣，那你也會氣憤他人；如果對自己要求完美，那對別人也會變成完美主義者；如果溫柔的愛自己，那你對別人也會溫柔相待。

　　當我們不認可自己時，就會開始批評別人；當我們不接納自己時，就會開始排斥別人；當我們沒有自我時，我們就開始要求別人。最後，當我們內在感覺匱乏時，就會經常折騰、挑剔別人。

　　所以，你，是一切因果關係的根源，當你喜愛自己並處理好與自己的關

係，自然你所虛擬的外在世界就會變得美好。

宇宙是你創造的，造物主只負責建立平台，而不會介入你的人生，所以祈求外在的財富與名利，根本是沒有用的，而應該是祈禱內心的感恩與力量，讓自己的能量發揮到淋漓盡致，讓自己的頻率優美柔和動人。

你來到這個世界，就相當攜帶一枝生命之筆，你想怎麼寫？怎麼虛構？由你決定，你體驗過後留下的經驗值就是那隻筆：精彩的？貧乏的？隨波逐流的？滿載而歸的？信筆塗鴉的？悲壯的？報恩服務的？

全像原理：

**世界是心的投影，宇宙不是物質，
而是心智與心靈。**

我們的外在世界，就是自己內心世界的反射；我們與別人的關係，也源自於我們與自己的關係；你會看到別人的優點，正是因為你擁有了這個特質。

　　隨著科技快速發展，宇宙真相似乎逐漸明朗。最新物理學證實：真實的宇宙，其實不是無限大，而是無數個，只能瞬間存在，而且蜷縮微小到可以藏在心裡及顯示在腦海裡。

　　人類終於在 2019 年 4 月 11 日公布了第一張黑洞影像，這是一個非常有重大意義的一刻，人類掀開宇宙真相的日子已經越來越接近了！

　　人類一直以來都無法驗證意識的真實存在，只知道人類有意識，但不知道意識究竟是什麼？存在於何方？巧合的是，黑洞的所有現象都跟意識一樣，只知道它的存在但無法驗證其內部是什麼？

　　其實，黑洞就是心，意識就是儲存在黑洞裡，會有這樣的想法就必須從量子力學談起！

　　量子力學的基本原理是「不確定性」，而在電子雙縫實驗中，物理學家發現，物質世界是意識創造的，量子力學是建立在無法驗證的「意識」之上。

　　3C 資訊產品佔了全球一半以上的經濟活動，但是它的基本原理卻是無

法驗證的。所以量子力學領軍人丹麥物理學家波爾才說:「要理解量子力學,你只需要去接受它。」

量子力學的「弦理論」認為宇宙是十一維,除了可見的物質世界是四維(長寬高及時間)外,還有一個看不見的額外維空間,那裡藏有宇宙最小單位的「弦」,而宇宙的萬事萬物都是由「弦振動」所產生的。

然後結合「弦理論」與「黑洞熱力學」的「全像原理」則認為:三維物質世界是黑洞裡的二維資訊碼的投影,這種投影則是透過量子糾纏打開蟲洞所產生的。這意味,我們所看到的物質世界是在黑洞裡不斷的被製造並持續投影到我們的大腦裡。

「全像原理」說明了幾件事:

一、宇宙存在兩個空間,黑洞是兩個世界的入口與出口,如圖。

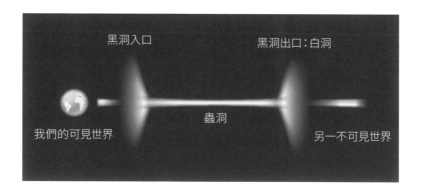

二、宇宙的核心不是物質或能量,而是資訊碼的「弦振動」,也就是量子比特(量子位元、Q 位元、qubit),因此,黑洞是一部巨大的量子電腦。

　　三、真實宇宙是在黑洞裡不斷的被製造出來的，而且只是一張二維的平面圖像，而我們的物質世界其實是真實宇宙的投影，是我們的大腦將二維的真實宇宙轉換成三維的立體影像。

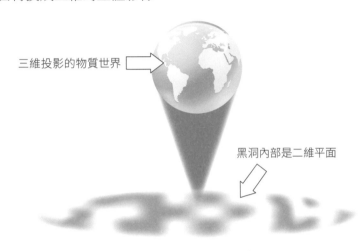

三維投影的物質世界

黑洞內部是二維平面

▲三維物質世界是二維資訊碼的投影。

　　所以，根據「全像原理」顯示，真實宇宙是很小的，只有你眼前，也就是你腦海裡的那一幕畫面（一張照片）那麼大而已，而且只存在一瞬間。

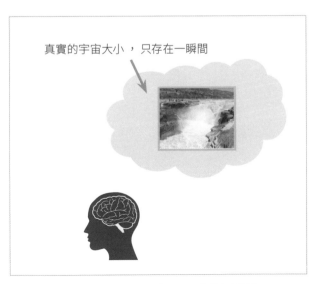

真實的宇宙大小，只存在一瞬間

▲真實宇宙只有腦海裡的一張照片那麼大而已。

我們會認為宇宙是無限大無限寬廣，是因為隨時間的連續流逝，把你眼前（腦海裡）的宇宙畫面向前後、左右及上下，做 3D 的連續移動播放（連續移動的觀看）就可以了。當無限移動播放時，宇宙就會是無限遼闊。

無限個宇宙，連續移動產生及播放
就能形成宇宙無限大

▲造成宇宙無限遼闊的原因。

那麼根據量子力學的「全像原理」，宇宙是如何的產生？
答案是由弦振動所創造出來的：

一、在黑洞內部裡，宇宙量子電腦會依據意識的每個瞬間念頭，產生一個二維平面的「宇宙圖像」（類似於照片或電腦畫面）。

▲瞬間念頭產生的二維宇宙圖像。

二、二維宇宙圖像是在黑洞內部裡被創造出來的，因為我們無法看到黑洞內部，所以宇宙是被認為產生於「虛無」中的「無中生有」，也就是聖經的「創世紀」或佛教的「空」。

三、宇宙圖像是由宇宙最小單位「弦」所組成，弦分成「開弦」與「閉弦」，開弦就是量子比特 1，閉弦就是量子比特 0，宇宙核心元素是資訊碼，發明黑洞一詞的物理學家約翰‧惠勒就說：**萬物源自比特（It from Bit）**。

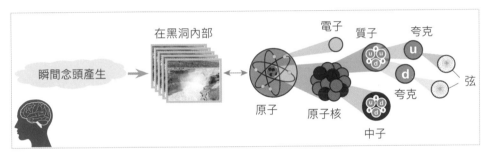

▲宇宙最小單位：一直在振動的「弦」。

四、宇宙圖像的組成單位「弦」，會不斷振動產生各式各樣的「成對虛粒子」。其中一個虛粒子會留在黑洞裡，另一個則會逃逸出黑洞外，變成實粒子。成對的粒子分開後，會在兩個世界形成「量子糾纏」。所以宇宙其實是一對雙胞胎，留在黑洞的是「虛宇宙」或「陰宇宙」，逃出黑洞的是「實宇宙」或「陽宇宙」。

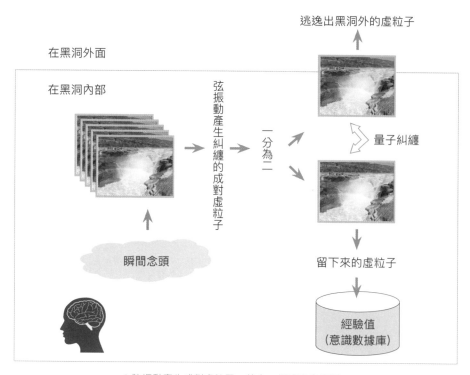

▲弦振動產生成對虛粒子，其中一個逃逸出黑洞。

五、留在黑洞裡的虛粒子就是意識所產生的「經驗值」，「經驗值」就是我們在每個瞬間念頭中，經由五覺感官所見所聞與所作所為後，所留下的紀錄與回憶，這種宇宙紀錄是永生不滅的。也就是你起心動念所說過的每句話及做過的每件事等等，都會永久的被儲存起來。

六、黑洞內部是另一個看不見的世界，物理學家稱為「白洞」或「高維度空間」，哲學家稱為「精神世界」，佛教稱為「第八識」，心理學家稱為「潛意識」，我則稱為「雲端意識數據庫」。

七、另一個逃逸出黑洞的虛粒子則在變成實粒子後，就被萬有引力彎曲拉長與投影成我們這個可以看見的三維立體「物質世界」。大腦就相當於一台電腦螢幕，能將二維平面的宇宙圖像（能量頻率）轉換成三維的立體影像（物質粒子）。

投影至大腦並轉換成3D

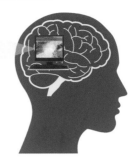

逃逸出黑洞外的虛粒子

▲宇宙是在我們的腦海裡，而不是在身體之外。

　　八、根據狄拉克的反物質理論，實粒子從「無中生有」瞬間產生後又瞬間湮滅，所以物質世界只是一種生滅又生滅的連續播放過程，跟播放影片的原理一樣，**只是一種投影的虛幻世界**。真實世界其實是在黑洞裡，只要把黑洞裡的資訊碼全部輸入到電腦，我們就能知道整個宇宙的來龍去脈。

　　九、「全像原理」說明了：物質世界實際上只是一幅從黑洞的「二維資訊碼」所投影的「三維全像投影圖」而已。

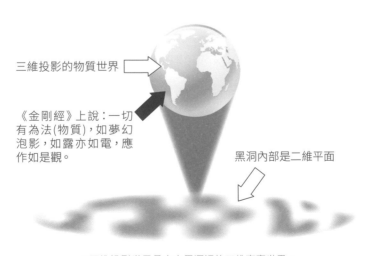

三維投影的物質世界

《金剛經》上說：一切有為法(物質)，如夢幻泡影，如露亦如電，應作如是觀。

黑洞內部是二維平面

▲三維投影世界是來自黑洞裡的二維真實世界。

十、以上就是「意識創造宇宙」的整個創造過程。

延伸影片，建議自行上網觀賞：
影片名稱：Is reality an illusion? 我們現在所處的三維空間 Reality 有可能是 Might be 宇宙邊緣表面資訊投射出的「全像影像」Hologram
網址：https://www.youtube.com/watch?v＝Wu5OhIZgxFw&t＝67s

由於引力塌縮為黑洞的過程看起來正像宇宙大爆炸的反轉，而這一問題可能與宇宙起源有關。其實，大腦就是宇宙的個人電腦螢幕，所有的恆星都是從黑洞裡產生出來的，但是科學家觀察宇宙時，卻變成倒著看，所以真相是：恆星是從電腦螢幕的一顆像素粒子（奇點），瞬間暴漲成一顆恆星影像，而科學家卻倒帶看成一顆恆星忽然爆炸塌縮成一顆像素粒子。會造成這種誤解，主因是宇宙的一切現象，都是投影在我們的腦海裡，而不是在外界。

一念一世界，一個瞬間念頭就會產生一次宇宙大爆炸，也就是一個念頭會產生一個主觀宇宙，萬法唯心所造，心就是黑洞。有的物理學家甚至認為，根本沒有宇宙大爆炸，黑洞就是一部大電腦，宇宙是持續不斷的從黑洞裡，被由「無」暴漲成「有」。

像「弦理論」就竟然計算出有 10 的 500 次方個宇宙，這是因為：宇宙最小時間單位是普朗克時間（10 的 43 次方分之一秒），如果每個瞬間念頭為一個普朗克時間，那麼每個人每秒可以產生 10 的 43 次方個二維宇宙圖像，所以「宇宙圖像」總個數＝10 的 43 次方個 x 無數億個意識 x 宇宙壽命 136 億年 x 無數個平行宇宙＝10 的 500 次方個宇宙。

唯物論的宇宙觀是：宇宙只有一個，並且永遠存在。這種宇宙觀的時間及空間必須是連續的。

但很不幸，量子力學的「量子」物理概念卻是空間與時間都是一種「不連續性」的變化過程。宇宙是一直斷斷續續的不斷產生及只能瞬間存在的一

種虛幻影像。

宇宙有最小空間單位的「普朗克長度」，為 10 的 33 次方分之一公分；及最小時間單位的「普朗克時間」，為 10 的 43 次方分之一秒。在這一刻度以下，引力及時間空間都不復存在。

因此，量子力學的「量子」這兩個字就直接推翻唯物論。

像物質都是由一顆一顆微小的原子所組成，那麼物質就不可能是連在一起的實體，而是中間充滿了空隙。愛因斯坦認為光是粒子，稱為「光子」，「光子」就像是圖片或電腦螢幕的「像素粒子」。所以空間不連續，只有「投影」才能解釋。

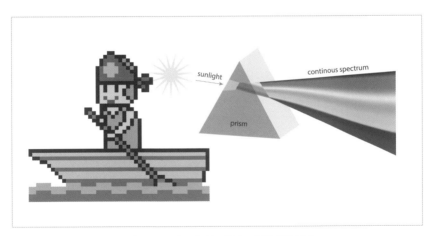

▲像素粒子組成的物質，就是一種投影的影像。

時間不連續，代表物質世界是斷斷續續的被產生又消失，所以宇宙不會只有一個，宇宙是一直在黑洞裡不斷的被製造、儲存（留著的虛粒子）及投影到黑洞外面（逃逸的虛粒子），這才會造成宇宙加速膨脹，而造成宇宙加速膨脹的暗能量就是儲存在黑洞裡的二維宇宙圖像：經驗值。

美國物理學家休‧艾弗雷特三世於 1954 年在他的博士論文中，提出的

「多世界解釋」理論（Many Worlds Interpretation，簡稱 MWI）就認為：「意識的念頭每做一次選擇，就跑出一個宇宙出來。」雖然聽起來很奇怪？但這個理論可完全是嚴格遵循數學方程式演算得來的結果。現在，MWI 理論早已經成為歐美很多科幻作品中的主題。後來艾弗雷特被《科學美國人》譽為「20 世紀最重要的科學家之一」。

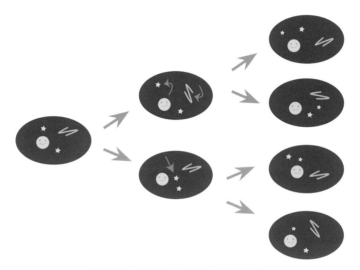

▲念頭每做一次選擇，就跑出一個宇宙出來。

1965 年美國物理學家約翰・惠勒與他的同事布萊斯・德威特，企圖統一量子力學與相對論而共同創造了惠勒-德威特方程式：$H(x)|\Psi>=0$，在這個方程式中，獨缺 t（Time），竟然宇宙**不存在時間性**。一個不存在時間及完全靜態的世界，為何還會如此千變萬化，難道時間也跟空間一樣是虛幻的嗎？

這是因為黑洞裡儲存了所有意識從創世紀以來所有發生過的體驗紀錄：經驗值的二維宇宙圖像（照片）。對宇宙量子電腦而言，過去、現在及未來的宇宙圖像都是同時儲存在「雲端意識數據庫」裡，就類似於你不同時間拍攝的照片被儲存在電腦檔案裡一樣。同時擺放的這些照片是沒有時間性，只有連續串聯的關係。只有在這些串聯的照片連續播放時，才會讓你有時間的錯覺。當你從過去的某張照片開始連續播放時，才會產生你過去的某段回

憶。

在老朋友去世後，阿爾伯特・愛因斯坦說：

「現在貝索比我先行一步，離開了這個奇怪的世界。但這並不意味著什麼。對於我們篤信物理學的人來說，過去、現在和未來之間的區別只不過是一種幻覺而已，儘管這種幻覺有時還很頑固。」

由此可見，不管是時間還是空間，都是相對的，都是一種幻覺。宇宙唯一的真相，就是一切都是虛構的，虛構不是假的，而是真實存在的，是代表宇宙是無中生有的，是靈魂（觀察者）想像出來的，是靈魂經驗他自己的一場夢境，是靈魂在演出他自己編劇的一場遊戲一場電影，是靈魂在邊虛構，邊編劇，邊演出。

其實，虛構代表創新與可以改變，既然人生是虛構的，那為何不大膽想像與虛構自己早已活在美好的世界裡，這種人生觀稱為轉念或正念或正向思考，想要改變人生就必須先從轉念開始：「先改變你對宇宙的美好看法與信念，而你的所思所為及所相信的一切，就會深深影響你的外在世界。」

量子力學的「全像原理」說明了：

物質世界是意識創造的，是心靈的投影，是一種瞬間產生又瞬間消失的虛幻世界，一切都是假象，真實的本質是在黑洞裡的精神世界。宇宙只是一種生滅不息的虛幻投影，世界只有你對這個世界的看法。

黑洞就是心，萬法唯心所造，你的宇宙是你的心靈無中生有創造的，你相信什麼，這個世界就是什麼，境由心生！人生就是一場修行，修的就是一顆心，心柔順了，一切就完美了，心清淨了，處境就美好了，心快樂了，人生就幸福了。

客觀宇宙本來就沒有罪，沒有惡，沒有煩惱，沒有痛苦，罪與惡、煩惱

與痛苦，這些都是心靈的投影，都是虛幻不實的。其實每一個人都是獨一無二的完美存在，每一個人原本都是圓滿俱足的發光鑽石，是我們用偏執的主觀分別心幫他們貼上標籤而已。

客觀宇宙原來是中立及沒有問題的，宇宙如果有問題，那問題一定是你的心靈產生的，如果不是心靈向宇宙投射問題，宇宙怎會生出自己的問題呢？如果你處在一個問題重重的世界裡，那麼，反諸向內去探究你的內心。問題一定出現在那裡，是投影源出了問題，投影是無辜的。

再深入探索就會發現：當你沒問題時，世界的問題就結束了。如果發現世界還存在問題，那表示自己還有問題。當你無法接納這個世界時，正說明自己的心還不夠圓滿。能看到世界的圓滿，其實是見證了自己內在圓滿的最終結果。

你，是光，是一切的根源，
是投影源，是世界的來源。

我們必須先認識自己，全然接納自己的弱點與不完美，這是同理心的來源，此時，往內看，多喜愛自己，窮養生也富養心，當把自己提升為燦爛的光源時，世界立刻一片光明！只有處理好與自己的良好互動關係，你才能與世界自然和諧的相處，也只有愛自己，做自己，你才有可能無私的愛別人，也支持別人做他自己。

宇宙是靈魂經驗他自己的一場夢境，人生所有的相遇，都只是遇見了自己。我很喜歡網路上流傳的這段話：

有人喜歡你，那是他在你身上，照見了他喜歡的特質，屬於他的喜歡，其實跟你無關，淡然面對，做回自己。

有人討厭你，那是他在你身上，投射出他排斥的自己，屬於他的討厭，其實跟你無關，坦然面對，做好自己。

　　有人欣賞你，那是他透過你，碰撞了內在的自己，屬於他的欣賞，其實跟你無關，欣然面對，平靜自己。

　　有人嫉妒你，那是對方不接納自己，屬於他的嫉妒，其實跟你無關，允許他的嫉妒，繼續做好自己。

　　世界上沒有無緣無故的，相遇或離開，愛或者怨恨，一切都只是遇見了自己。

　　因為，你的宇宙就是你的心靈的投影。

暗物質與暗能量：

**生命是由三股力量所組成──
業力、無常力與願力。**

生命的意義是：我們是為了宏偉的天命而來到世上，並帶著完成天命的天賦本能，不斷的創造自己的宇宙及賦予其多彩多姿的意義，再藉由體驗困境來不斷的學習成長，進而激發出天賦潛能及完成進化使命。

宇宙原本是十維空間，在宇宙大爆炸後，分裂成我們所處的四維（長寬高＋時間）「物質世界」，和另外一個空間的六維「反物質世界」，四維迅速擴張，六維極度縮小到我們看不到。反物質世界在西方的心理學及哲學被稱為「精神世界」。

物理學家發現：

反物質世界的負能量（正電荷）「反電子」必須存在，才能保證我們這個物質世界中，同時出現一個帶正能量（負電荷）的電子。

生命有兩次出生，一次來到世上，一次回到原來地方，一次是肉體出生，一次是靈魂覺醒。

原因何在？這是因為人同時具有三種身分：「兩個真實能量，一個虛幻粒子，兩個真實能量，其中一個是永恆不變，另一個是不斷在變。」也就是說，人其實是由三個自我所組成：

● 頭腦：大腦，投影的我，虛幻；
● 心腦：心靈，思想的我，真實，不斷在變；

● 腹腦：靈魂，初始的我，真實，永恆不變。

那要如何證明呢？這就需要從愛因斯坦所犯的幾個錯誤談起：

一、全像宇宙投影：

愛因斯坦雖然是量子力學的奠基人，可是他非常反對丹麥物理學家波耳所領軍的「哥本哈根派」所提出的「不確定性」原理，該原理認為：「物質世界原本是不存在的，直到意識觀察時，才會無中生有產生物質世界。」也就是「意識創造宇宙」。

愛因斯坦覺得很不可思議，並在一次散步時問他的學生派斯教授：「你相信月亮只有在看著它時才真正存在嗎？」。

這項量子力學的原理讓身為「確定論」忠實信仰者的愛因斯坦很不舒服，立刻跳出來帶頭極力反對，還為此掀開了長達半世紀物理學界最著名的「愛波論戰」。

後來愛因斯坦在 1935 年甚至還提出了著名的 EPR 悖論，他要波耳證明宇宙有一種超光速好幾倍的「幽靈般超距離作用」的存在。

這個悖論一直到 1982 年，由法國科學家 Aspect 小組，證明確實有超過光速的「幽靈般超距離作用」的存在，才終於證實愛因斯坦是錯的，而這種現象被稱為「量子糾纏」。

不久，物理學家在深入研究「黑洞」時，發現我們這個世界竟然只是一種 3D 投影的幻象，這項持續的研究，最終才由美國普林斯頓高等研究所的朱利安・馬達西納，於 1997 年首度提出了一個最接近萬有理論的「全像原理」。

該理論說明了：物質世界的時空都是由量子糾纏編織而成的。生命其實

是以「二維資訊碼」的能量形式儲存在黑洞裡的高維度空間，並且是永遠不會消失，然後再以量子糾纏的超光速，編織投影成我們這個 3D 投影的物質世界。

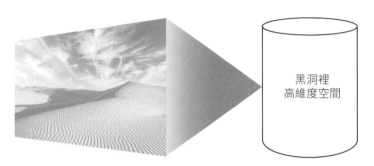

黑洞裡
高維度空間

▲生命以「二維資訊碼」的能量形式儲存在黑洞裡的高維度空間，編織投影成我們這個 3D 投影的物質世界。

二、暗物質及暗能量：

愛因斯坦發表廣義相對論時，當時的科學家都認為，宇宙是靜態不動的，但相對論的公式卻推導出「宇宙是動態」的宇宙觀：「宇宙只能膨脹或收縮。」

但那時的愛因斯坦竟然屈服於當時的想法，就在他的方程式中，人為的加入一個具有「反引力」的「宇宙常數」來平衡原有引力，使他的宇宙能保持靜態！

只是 12 年後，宇宙學家發現靜態的宇宙觀根本就是錯的！這讓愛因斯坦非常後悔，並將宇宙常數拿掉及說這是他一生中所犯的最大錯誤！

雖然是錯誤，但是該常數卻陰魂不散，在愛因斯坦去世後，物理學家計算出我們這個物質世界只佔整個宇宙的 4%，我們無法驗證及看不到的世界竟然佔了 96%，稱為暗物質及暗能量。這聽起來很奇怪，我們熟悉的物質世界竟然只佔小小的 4%，96% 的暗物質及暗能量也只能知道其隱約蹤跡，卻完全不知道它們究竟是什麼東西：

（一）暗物質：是一種將宇宙聚集在一起的不明物質，佔宇宙的 **26%**。

宇宙學家經過引力計算後發現，目前的引力根本就不夠，必須還要有 5 倍其他物質的引力支撐，不然宇宙星球就會散開而去，變成一盤散沙，這種能產生多出來引力的物質被稱為「暗物質」。目前科學家還沒辦法驗證到暗物質，只是發現光綫在經過某處時會發生偏移，而該區域並沒有我們能看到的物質及黑洞。

（二）暗能量：是一種將宇宙加速膨脹的不明力量，佔宇宙的 **70%**。

宇宙學家很早就觀測發現，宇宙一直是在加速膨脹。既然是加速膨脹，就必須要有新的能量加入。而這種能量宇宙學家目前還無法驗證，所以才稱為「暗能量」。科學家通過質能方程式 $E = mc^2$ 計算，要維持目前這種膨脹加速度，暗能量應該是現有物質和暗物質總和的一倍還要多。到目前為止，還沒有找到暗能量。

一般人犯錯是悲劇一場，但愛因斯坦的犯錯卻是加速科學進步的重要推手。愛因斯坦的錯誤，對物理學是具有重大貢獻的。

綜合上述兩項理論說明了：

一、宇宙有兩個空間：一個是在黑洞裡的「真實宇宙」，一個是我們這個物質世界的「投影宇宙」。

二、宇宙結構有三種型態：黑洞裡的「暗物質」及「暗能量」，物質世界的「可見物質」。

現在把物理學、心理學及哲學三者整合起來，就可以得出以下的哲學關聯圖：

生命結構：三種「自我」

高維度空間（精神世界）		物質世界
真實宇宙		投影宇宙（虛幻）
暗物質（26%）	暗能量（70%）	可見物質（4%）
靈魂（初始值）	靈魂的經驗值	經驗值的投影
無意識	潛意識	顯意識
真實的我（初心）	思想的我	投影的我
靈	心	身
存在的我	我的體驗紀錄	我的身體、財富等
能量形式的資訊碼（正弦波）		像素粒子（粒子）
使命及天賦	思想及心態	影像

因為，宇宙是一個巨大的經驗值意識體，所以我們要認清：

一、你的宇宙是你的意識所創造的。
二、你的宇宙只有你自己，沒有別人，也沒有外在。
三、生命是有軌跡與痕跡的，萬事萬物都是物理定律與數學方程式所創造的。

宇宙的核心是資訊碼，整個宇宙是由「身、心、靈」三個意識結構所組成的，而真實的你是由兩個「自我」所組成：

第一個真實自我是暗物質，是在宇宙大爆炸之前，就被設定好的「初始值」，稱為永恆不變的「靈魂」，是由參與推動進化的角色扮演、創新天賦及愛與善的一面所組成的，是天命的代名詞，又稱為初心、自性、高我、純潔的心、永恆自我、大我、天性、本性、原來面目、真我、本我、神性、佛性、如來藏、無意識、超意識、絕對真理等。

第二個真實自我是暗能量，是在宇宙大爆炸之後，由靈魂開始不停息體驗過後所留下的宇宙紀錄，這些靈魂起心動念的所見所聞及所作所為，就稱為經驗值，而儲存經驗值的「雲端意識數據庫」，則稱為心、心靈、潛意識、第八識或阿賴耶識（佛教）、阿卡西紀錄、小我等，是宿命的代名詞。把這些一直添加儲存的經驗值歸納成經驗法則，對個人而言，就稱為心智、思想、想法、心態、人性、習性、價值觀等；對事物而言，則稱為相對真理、科學、模式等。

心靈的投影就是物質世界的你，所以，物質世界的你，是沒有自由意志的，實際上都是由心靈的潛意識所控制著。

思想是地獄，靈魂是天堂。萬惡之源是你的思想，這是一種宿命，是你來到世上所造成的。萬善之初是你的初心，這是一種天命，是你早被設定而擁有的。幸福、喜悅、勇氣、專注、客觀、意志、創造力等都是源自於大我的靈魂設定，而欲望、痛苦、偏執、主觀等則源自於小我的想法念頭。

身體不是我，只是一堆持續流動的虛幻物質，自行無法控制，是被心所操控著，始終被苦所逼迫。心也不是我，只是一堆持續添加的經驗值能量，自動的自我計算，以回應外界，始終變化不停，並將自我能量投影成物質影像。把兩者都清空就是我，把我的身體及我的心清空就是我。我是永恆及沒有時間性的自我。

看看我們生活中的這個佶大笨重的地球與宇宙，其實是懸在虛空中，那是怎樣的、無形的、巨大的力量，能懸空托住它們呢？而且還能讓它日復一日、年復一年，有規律的自轉、公轉及繞著巨大黑洞旋轉，然後整個宇宙只是一個掛在虛空中的平面體。

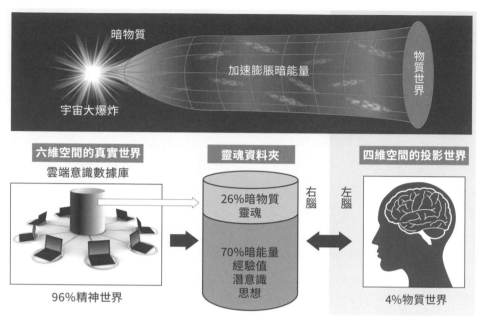

▲暗物質是整個宇宙的基本框架。

　　其實，宇宙是被無形的暗物質懸空托住在虛空中，暗物質是整個宇宙的基本框架，如圖。

　　當古人在觀察自然現象時，就能感覺到自己所接觸到的這股無形力量，所以，在古代就稱無形為天或神，有形的物質世界則稱為地或人間，德國唯心論奠基者康德與老子就宣稱：上帝或上天存在與靈魂或本體不滅。

　　靈魂稱為真實自己，心靈在體驗過程中，被外在的物質世界污染過，稱為虛妄自己。真實自己在宇宙大爆炸之前，就被設定為永恆的天命與本我，而虛妄自己則因為充滿了偏見、誤解、慾望、制約與執著，所以稱為宿命與習性。人的一生都會受到這兩股力量的驅使，生命就是一場不斷擺脫宿命的牽制及找到藏在靈魂裡的天命的奮鬥旅程，天命的設定力量稱為願力，宿命的習性力量稱為業力，而外在物質世界的隨機力量則稱為無常力。

　　靈魂的選擇是由靈魂自己決定，一切都是自己的安排，物質世界則提供一個磨練與體驗的環境，時間是宇宙的攪拌者，它讓靈魂只能不斷的往前走，並且這一切的演出，最終還是要靠你自己的體驗、覺悟與改變，經由不斷的成長，才能真正改變自己的體驗命運。靈魂會藉由重生使我們進入不同的知性層面，生命的靈魂是為了學習新知與更新前世的無知，而重生在一具新的肉身之中，然後透過靈魂的自由意志（願力）、業力的前因後果影響及外在環境的無常變化，聯手去體驗我們這個世界所有發生的事情。每個靈魂都可以根據自己的因緣自由選擇，至於結果是好是壞，那都不重要，重要的是學習，因為整個生命的目的就是為了提升與進化。

　　整個宇宙是由暗物質的願力、暗能量的業力及可見物質世界的無常力所組成的。

影響生命的兩個空間及三股力量

靈魂經驗值：學習紀錄　　靈魂初始值：天賦使命

前因後果　業力　　　　　初始設定　願力

精神世界

宿命　　　　　　　　　　天命

外在資訊值：學習環境

選擇　　　　　　　　　　物質世界　無常力

學習成長及改變命運

　　宇宙是精心設計的，願力是軌跡，業力是痕跡，所有的進化都是有目標性，宇宙的進化過程是有階段性：

　　一、初始值設定的「願力」階段：

宇宙唯一目的是進化，進化只能靠創新，而創新是藏在靈魂裡。我們是帶著被設定好的使命與天賦來到世上，使命會引導我們往創新與進化的方向前進，直到找到靈魂為止。這個階段屬於「角色扮演」的設定，跟本性有關。

二、經驗值產生的「業力」階段：

來到世上，必須透過學習成長，先吸收知識來認識這個陌生的現實世界，這時只是一種生存與維持的階段，尚未進入創新階段，但這些陳舊經驗與思想會制約我們的創新力，因此，人生其實是一部告別過去及創新未來的成長史。這個階段屬於「學習力」的學習成長，跟智商有關。

三、挑戰值所精心打造的「無常力」階段：

舒服圈是創新與進化的最大敵人，所以特別精心設計了一個隨機無常的外在環境，就是要透過苦難的衝擊，來喚醒靈魂的覺醒。也由於靈魂是善本質的設定，所以就必須透過惡環境的設計，來加深靈魂的體驗衝擊，稱為二元對立。這個階段屬於「洞察力」的智慧養成，跟情商有關。

二元對立是生命的成長程式，讓靈魂在隨機無常的物質世界中，透過二元對立的體驗與學習，反覆應證出所謂的絕對真理，進而躍升至覺醒階段及獲得靈性覺知力，最終理解與找到自己的靈性存在。在面對自己的問題時，唯有歷經過黑暗面與負面後，才能充分知道自己的光明面與正面是什麼，這樣才能真正破除宿命的牽制與引導找到天命。

四、願力與業力之天人合一的「覺醒」階段：

透過靈魂的覺醒，找到靈魂的使命與天賦，將天命化為具體的人生夢想，並激發出自我的最大潛能，透過不斷超越自我及實現自我，最終完成上天所交待的創新與推動宇宙進化的終極任務。這個階段屬於「創新力」或「靈感力」或「覺知力」的潛能激發，跟靈商的遠景有關。願力與業力結合

的念力，就是我們來到世上，終生所要修煉的原力，那是世上最強大的力量。

「覺醒」階段就是放鬆心智，觸及最深層的內在，是一段自我療癒、自我追尋及自我實現的過程，也是一種完整自我、天人合一及整個宇宙合而為一的過程。靈魂是由神親自設定的，所以又稱為神性或佛性，你一直在尋尋覓覓的神或佛，其實是你自己。你所要臣服的神與佛，就是你的天命。

做你自己，不是做你想要的自己，而是做回你本來的、本源的、客觀的、具有創新力的、清淨無染的自己；而不是還停留在思想上執著的、假象的、主觀的、一成不變的、虛幻偏見的自己。

人性、習性是物質虛幻世界和肉體的你，天性、本性、自性、神性、佛性是神聖本體的你。虛幻世界的你重新連接神聖本體的你，就是我們來到世上唯一的目的。

人有二顆心，一顆保有痕跡，一顆負責軌跡，人生的目的是要改變留下痕跡的宿命及實現導航軌跡的天命。天命就是初心，不忘初心，方得始終。

你要相信我們內心有一股非常強大的力量，這股力量擁有非常強大的自我修復能力、自我療癒能力、自我適應能力、自我覺醒能力、自我救贖能力，這些能力是需要被喚醒並用來幫助我們完成天命。

影響命運的三股力量是環環相扣：願力、業力及無常力，其中：

控制命運的是業力，宿命，經驗值，思想；
改變命運的是願力，天命，初始值，靈魂。

而覺醒是需要認識及靜心察覺自己的天命與宿命，這個過程涵蓋了認識自己、接納自己、喜愛自己、相信自己、做自己、超越自己及最終實現自我。

生命的意義與目的不複雜，就是讓生命遊戲豐富化，不斷更新升級，也就是進化，而進化靠創新，創新靠靈魂的使命與天賦。因為靈魂使命與天賦是上天所設定的，所以才稱為天命，又稱為夢想或做自己。**當你抬頭遙望浩瀚天際時，千萬要記得，真實且神聖豐盛的你就在那裡！**

現在歸納並回到我們一直想知道的：人生目的何在？

物理定律與數學公式，讓我們驚覺到宇宙是精心設計，而不是自然形成。

宇宙是透過系統初始值，也就是靈魂所創造的，我們是帶著初始的使命來到世上，上天還賦予我們每個人不同的創新天賦，來支撐我們完成使命，同時還塑造了一個隨機無常的體驗舞台，來幫助我們找到人生夢想並激發出最大的天賦潛能，而天賦與使命就是上天設定在靈魂裡的天命。

靈魂體驗留下的經驗值就是可見宇宙，而每個可見宇宙都是一種靈魂過去經驗的因果關係計算，所以我們遭遇到的每一個人事物，都是有其意義的，都是自己的安排，也是上天的安排，是必然而非偶然的。但經驗值的業力只能幫助我們認識現實世界，只會約束我們的想像力，而無法直通創新天賦，讓我們忘了來到世上的初心使命。

世事無常，每一次的無常，其實都隱藏著一次打破宿命的無限可能，每當我們打破我們心中的束縛和藩籬時，也就有可能帶來新生的浴血鳳凰。

所以，我們要時時提醒自己：失敗、痛苦、挫折，正是上天給我們的恩典，它是要喚醒著我們向內看，盡早找到真實自己，也只有做自己，才能擺脫宿命及找到天命，這就是人生的目的與意義。

藉由無常力找到初始值的願力，明確使命宣言後的業力，就能明白靈魂目的。現在我們終於明白：**我是誰，我從哪裡來，要到哪裡去，被稱作哲學三大終極問題，其真相盡在量子力學及混沌理論之中。**

諾貝爾文學獎得主赫曼・赫塞說：

「對每個人而言，真正的職責只有一個：找到自我。然後在心中堅守其一生，全心全意，永不停息。所有其他的路都是不完整的，是人的逃避方式，是對大眾理想的懦弱回歸，是隨波逐流，是對內心的恐懼 。」

他又說：

「我的生命，繞著一條奇妙的道路向後走著。從男人變成一個小孩，從一個會思考的人變成童稚的人。我必須變成愚癡之人，才能在心中重新發現梵我。」

PART 2

宿命的業力：
活在經驗自己的幻覺當中

■第四堂課｜費曼的路徑積分：
人是沒有自由意志的，一切都是因果關係的計算，是被過去的你所控制的。

■第五堂課｜霍金的依賴模型實在論：
宇宙的本質是大腦重塑虛構的，你是活在經驗自己的虛幻世界裡。

■第六堂課｜大腦「推論階梯」：
我們是活在自己的「內心戲」中，我們只看到想看到的，只接受想接受的。

● 我們所知道的是微乎其微的，我們所不知道的還是無窮無盡的，我們所看到的都是一時表象，我們所看不到的都是永無止盡。

那麼？大部分的空白，不都是用我們的過去經驗去填補的嗎？這是一種經驗自己的幻覺，我們根本是在追逐幻影？不是嗎？

你所體驗到的幻影，如財富，快樂，痛苦，貧窮，都只是一團不同頻率的能量而已。

● 世上只存在二件事，一是時間，一是你的心。心隨著時間的流

逝,不停起伏跳動,不斷編織故事,直到心停止跳動。什麼都沒留下,只留下故事,那麼故事,不就是一場夢嗎?

所以,親愛的!宇宙唯一的真相,就是物質世界的一切都是虛構的影像,但虛構並不代表是假的,而是代表宇宙是從無中生有的,是有曾經存在過,生滅不息,是不斷的被靈魂從能量中轉換成物質後又瞬間湮滅。

宇宙是靈魂想像出來的,是靈魂經驗他自己的一場夢境,是靈魂在演出他自己編劇的一場遊戲一場電影,是靈魂在邊虛構,邊編劇,邊演出,不斷演出後就消失。

所以,物質世界的本質就是虛構,但虛構並不是負面,反而是正面的精心設計,這代表宇宙是無中生有的,是可以改變現狀的,是可以創新的,是可以汰舊換新的,是可以持續進化的!

● 人類進化就是要不斷的超越思想,這是我們今世的首要任務。這並不意味著停止思考,而是不再完全認同於過時思想,受制於舊有思想。

創新最大的敵人是過去的經驗,而過去成功的模式,往往是未來最大的障礙。老子宣揚的無為與蘇格拉底提倡的無知,都認為人生必須不斷的有所為,但前提是要放下一切過去陳舊與偏執的經驗與思想,隨時歸零學習。

以有限、陳舊、偏見、僵固的經驗值與觀點,去追逐及回應無限、不斷創新、瞬息萬變的外在環境,這讓我們總是錯看了這個千變萬化的世界,這就是我們一生一直在面對的課題,也是煩惱與問題之所在。

● 思維決定一切,當下的思維幾乎是難以改變,人是無法知道自己的矛盾,只有跳出自身,也就是需要注入更多與原有認知不同的新資訊。

對於不懂的人，除了耐心別無他法，只有時間的大量新資訊與新證據才能教會及證明一切。

● 人是沒有自由意志，都是靠經驗來認識這個世界，這是哥德爾不完備性與貝葉斯演算法的傑作，而這兩支程式分別稱為深度學習及創新。

人世間根本沒有真理，只有經驗法則與相對。經驗只有因與果，沒有對與錯。沒有對與錯，就沒有唯一的正確答案。一切都是瞬息萬變與無常。唯一的絕對真理與答案，只有創新！

世界是我們的想像，所虛構出來的，這意味著，我們可以用不同的角度，去創造我們自己的世界，甚至是以往經驗所沒有的創新，這股強大創新力量是深藏在內心裡，只是你遺忘了。

● 真相是上帝手中的一面鏡子。它掉了下來，摔成碎片。每個人都拿走了，他們看著它，以為自己掌握了真理。

——魯米

● 我們是依約來到世上，
沒有無緣無故的遇見。
多少人在此生，最終形同陌路，
多少人在前世，卻又相約來生。
輪迴，
丟失的是今世的承諾，
遇見的是前世的誓言。
所以，請不要輕易許諾，
因為因果誓言始終不曾改變，
所有的一切，
都會以另一種形式來償還。

費曼的路徑積分：

**人是沒有自由意志的，一切都是因果關係
的計算，是被過去的你所控制的。**

人生就是一連串不斷做選擇的過程，而我們的選擇，以及怎樣處理自己的
行動，將決定我們成為什麼樣的人。但重點：人是沒有自由意志，人生是
無法左右，只能透過創新的學習成長，來改變我們一成不變的錯誤與老舊
選擇，進而改變命運。

　　每天早上醒來，為了要起床或是繼續睡懶覺，我們的大腦就已經開始隨
時隨地在做選擇。所以「選擇」就是生命的代名詞，因此我們會很關心：選
擇機制到底是什麼？生命到底有沒有自由意志？關於這些問題，我們可以從
物理學的靈魂定律：「最小作用量」原理談起。

　　有沒有一個公式可以描述整個世界？物理學家認為很有可能就是「最小
作用量」原理。愛因斯坦說過：「我想知道上帝是如何設計這個世界的。對
這個或那個的現象，這個或那個元素的譜，我都不感興趣。我想知道的是他
的思想，其他的都只是細節問題。」

　　近代物理學隱約表明，「最小作用量原理」可能就是上帝設計世界的基
礎原則。簡單說：最小作用量原理是所有物理定律的指導原則，是一切物理
定律的根基，甚至也是人生的基本原理。

　　最小作用量原理，就是大自然永遠是遵循阻力最小的途徑。譬如光及作
用力是遵循「距離時間最短」的路徑，經濟學理論是遵循「經濟效益最高」
的原則等。最小作用量就是：選擇最優化、最經濟、最簡潔、最有利的路
徑。

　　像自由落體的運動就是遵循這個原理，如圖，最快抵達地面的並不是最短距離的直線球，而是距離較遠的曲線球。**看來我們是有必要調整一下舊有的觀念：通往成功的捷徑，並不是兩點之間最短的直線距離，而是「最小作用量」的曲線距離。**河流為何要彎彎曲曲就是這個道理。

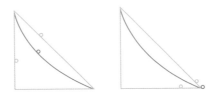

　　像「光的折射」是最小作用量的第一個應用例子。如圖，光在不同介質的速度是不一樣的，因為光在水中速度會變慢，所以光就選擇在空氣中多走一段距離，雖然距離不是最短，卻是時間最短，所以才造成光的折射。

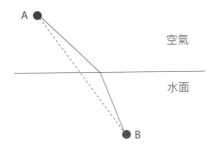

　　但問題是，光在出發前並不知道前面有水，它怎會知道要先折射呢？

　　物理學家後來才發現，原來不是只有光而已，也不是只有生命不斷的在做選擇，而是宇宙所有萬事萬物在出發前，都會有一種宇宙法則先模擬計算出所有前進的可能路徑，然後再選擇「最小作用量」的路徑，「自動」作為真實世界的實現路徑。

　　而發現這種規律的就是美國著名物理學家費曼先生。

　　大名鼎鼎的美國物理學家理查費曼（Richard Feynman），不僅聰明絕

頂，而且詼諧幽默，在美國粒子物理學領域堪稱「教父」級的科學家。儘管費曼對現代物理學做出了諸多重要貢獻，但只獲得一次價值三分之一的諾貝爾獎。他的教科書和科普著作都屬於趣味橫生及膾炙人口的書籍，暢銷全世界，影響了幾代人。

第二次世界大戰後，費曼無意中發現了一種最簡單又深刻的量子力學理論，稱為「路徑積分」。

在物質世界裡，從 A 點走到 B 點，除非很特別，一般我們都是選擇最短的直線距離，但是在電子世界裡，費曼認為所有可能路徑都必須一併考慮。如圖，這意味著會有要繞到火星再到 B 點的路徑，甚至在時間上回到恐龍時代。也許這些路徑是多麼不可思議，但通通要考慮進去。

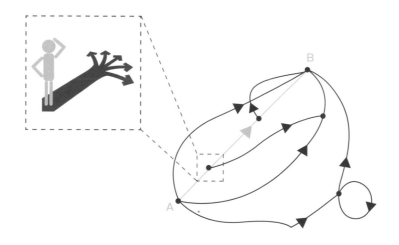

費曼給每條路徑一個計算公式後的權重，再將所有可能路徑的權重加總後，結果是竟然得到量子力學從 A 點到 B 點的各種機率，然後取其中具有最大機率的路徑，變成物質世界實際發生的路徑，這稱為費曼的「路徑積分」理論。

這項理論說明，當觀察者在觀察時，電子會先掘取相關歷史資訊（經驗值），經過加總計算後，最終就「選擇」機率最高（最有利的方案）的路

徑，成為物質世界實際發生的路徑，也就是**你過去的歷史經驗，創造了你現在的宇宙影像。**

具體來說：

一、世界是由觀察者與其過去的經驗，共同計算後所創造的。

二、生命是無意識的接受物理定律的指導，人在當下是沒有自由意志的。

三、是「過去的你」決定了「現在的你」。

四、當下的你是受過去經驗的潛意識的習性所控制的。

五、宇宙的萬事萬物都是一種經驗值的「因果關係」計算。

六、經驗值的慣性與控制力，稱為「業力」，也就是我們的潛意識。業力就是我們的宿命及習性，就是我們的想法、價值觀、心態、思維、心智。

七、所有選擇都是過去的「因」所決定的，凡事沒有「對與錯」，只有「因與果」。

加州大學舊金山分校的班傑明・利貝（Benjamin Libet）在 1980 年代末，招募了一批受試者，讓他們全套佩戴可以檢測到「腦電波動」的電極帽，並要求受試者一旦出現擺手的想法，就立即晃動自己的手腕。結果很令人驚訝，「腦電波動」比受試者的動作提早約 0.5 秒出現，但受試者在做出動作的 0.25 秒前，才意識到自己產生了輕搖手腕的想法。實驗說明：「在人們意識到發生何事之前，大腦早已做出了決定。」簡單說，來自潛意識的意識活動才是整個局面的掌控者，過去所累積的經驗值潛意識要比當下的顯意識，提早幫我們做出決定，並讓我們誤以為是自己在做決定。

你的宇宙就是你的經驗值，佛教稱經驗值為「業」，你的業力就是你的一生宇宙的慣性力，也是你的能量磁場。你一生所感覺到的，如所看到、所聽到、所聞到、所摸到、所嗅到及你每個選擇的一切所作所為，如你起心動念所說過的話、做過的事，這些種種經歷過的記憶，就是你一生的整個宇宙，也就是你的業力與磁場。萬般帶不走，唯有業隨身，今世所有的選擇，都要受到好幾世積累的經驗值所影響與控制。我們今生的天生弱點，往往都

是前世的惡障，只有充滿善業的心才會擁有善念，也只有善念才能夠做出正確的選擇，所以善業又稱為「德」，只有累積相當程度的善業，才能厚德載物。

愛因斯坦說：「問題無法由製造問題的意識本身來解決。」當我們在關係和事件中卡住的時候，我們腦海裡總會這麼想：「我才是對的！你不溝通！你不在乎我！你不愛我等等。」但困境從來都不是發生什麼事，而是我們感覺到發生什麼事。前者是客觀分析，後者是主觀認知。Not ought to be，is the thing really are！是你過去主觀想法的選擇製造了問題，問題的源頭是你潛意識的主觀想法，而不是事物本身！主觀想法是過去的你，是因；事物本身是現在的你，是果；我們經常是倒果為因。

人生最大的錯誤是：堅信人是有自由意志。實際上，我們根本沒有辦法左右自己當下的命運，只能**透過學習成長的反省**，來改變當下的選擇，並在經過一段時間的努力後，才有可能改變未來的選擇與命運。

宇宙根本的法則是自因自果自負的「因果定律」：

一、你現在做的每件事，都是在為未來的每個結果鋪路。
二、你現在發生的每件事，都要由過去的你來負全責。
三、你現在當下所做的改變與努力，都是為了贖罪過去與創造美好的未來。

舉例來說：

一、人是類似蝸牛殼宿主，硬體，投影體，現在的你。
　　心是類似蝸牛寄生物，軟體，投影源，過去的你。
二、人沒有自由意志，其實是受心的控制，
　　現在的你是受過去的你所控制。
三、人是無法左右命運，只能透過學習成長的努力來改變心，
　　也就是修心養性，當心變了，命運就變了。

四、心是因，人是果，過去的你是因，現在的你是果，
人沒有自由意志，是代表一種自因自果自負的宿命，
必須透過天命的初心來改變宿命的妄心，如此才能扭轉命運。

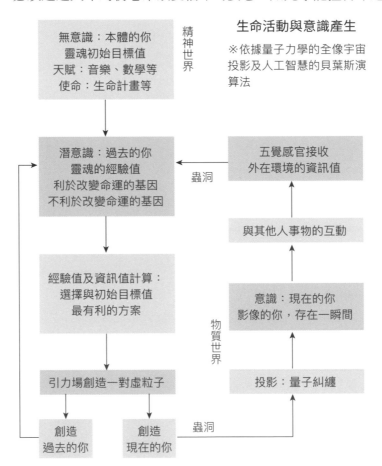

如上圖，當下「現在的你」只是一瞬間存在的影像，是一種緣起緣滅的生滅過程，「現在的你」短暫出現後，就瞬間變成「過去的你」。「過去的你」是累世積累的經驗值，是一種能量形式，是永恆不滅的被儲存在黑洞的「雲端意識數據庫」裡。

我們所做的一切選擇，都是由「過去的你」幫「現在的你」做決定並創

造出「現在的你」。

　　現在我們終於了解到：原來生命中每個選擇都是唯一且必然的，因為那是你當時的經驗範圍內最好的選擇，而這一切都是有道理的，也是當時最好的安排。因此我們不需要為過去的決定而後悔，就算我們回到過去一萬回，結果所做的選擇，仍然會是一樣的，「自因自果」的最小作用量原理是宇宙永遠改變不了的原則。

　　既然「過去的你」是無法改變的，「現在的你」是命中注定，那要如何改變命運呢？做法很簡單，但做起來不容易：

　　一、過去的業力是不能改變，因為人是受潛意識的習性控制。既然無法改變「現在的你」，那就改變「未來的你」，「未來的你」是具有無限的可能性。

　　二、「未來的你」是由「未來的你」的所有「過去的你」所決定。而這些「過去的你」是由兩部分所組成：第一部分是從過去到現在的「過去的你」，這些已經無法改變；第二部分是現在到未來還沒實現的「過去的你」，這些是可以改變的。還未實現的「過去的你」，就是未來每天活在當下的「現在的你」。

　　活在當下，因為具有改變的可塑性，所以非常重要。

　　三、人生改變命運的過程，在數學上稱為馬爾可夫過程。這個公式說明了：**「現在的你」是由「過去的你」所決定的，「未來的你」跟「過去的你」無關，「未來的你」是由「現在的你」所決定的。**

　　未來只跟現在有關，跟過去無關。過去成功的經驗不保證未來還能成功（英雄不提當年勇），但失敗的「現在的你」則會記取教訓，會反省，會改變與成長。

當不斷成長（現在到未來）的未來善業大於無法改變（過去到現在）的過去惡業時，「未來的你」才會開始有結構性的實質改變，因那時的善業終於贏過惡業而扭轉了整個命運。也就是，我們是透過創新的經驗值擺脫了舊經驗值的惡習。

活在舊有慣性的思維模式裡，過去的命運就會是你未來的延伸；活在未來想要的目標生活中，你的未來想像就會成為你的現在。

所以，**活在當下的「現在的你」的改變，才是改變命運的關鍵**，也是生命意義之所在。經驗值就是心靈，經驗值的改變稱為學習成長或修行或創新，人生就是為了創新，就是一場修心與創造善業的過程，也是一段不斷遇見最美自己的旅程。

生命是一段旅程，在經年中前行，每個人都是行者；在歲月中跋涉，每個人都在修行。

天助自助者，自助人恆助之，人生善業都是透過自己學習成長所創造的，當你停止成長，你所有的資源也停止了。在害怕失去的恐懼中，你會開始抱怨、責備、索取、取悅、控制等。當一個人不斷成長時，資源就會源源不絕的湧向你，整個宇宙也都會幫助你！

生命是一種回聲，傾聽你的心聲：心念變了，德行就變了；德行變了，氣場就變了；氣場變了，風水就變了；風水變了，運氣就變了；運氣變了，命運就變了。

在數學上，因果定律是伴隨著「馬爾可夫過程」，在已知目前狀態的條件下，未來的演變不依賴於以往的演變，僅依賴於現在。您前幾年的付出決定了現在，現在的付出決定了幾年後的狀況，但您幾年後的狀況與前幾年沒關係，過去成功的模式，不代表未來一定成功，歸零學習才是成功唯一道路。

馬爾可夫過程在生活中無處不在：

一、在事業上
1、因為上學時很用功學習，造就現在能找到好工作。
2、現在繼續努力工作，幾年後就容易升遷。
3、現在不努力，幾年後就容易原地踏步，甚至被裁員。
4、未來的成就與學校成績無關，但與現在的努力程度息息相關。

二、在感情上
1、談戀愛時，用心表現得到芳心，然後結婚。
2、如果婚後不用心經營婚姻，則以後有可能會婚姻破裂。
3、如果婚後繼續用心對待，則以後彼此關係會甜蜜有加。
4、未來的婚姻關係與戀愛時的表現無關，而是與現在的感情維護有關。

改變命運的「馬爾可夫過程」可說是人生的宇宙法則，它其實就是告訴我們，以前都是浮雲，現在的行為決定未來的命運。去掉自滿，歸零學習，踏實的學習成長，未來才能收穫滿載。

人生時刻都處於十字路口，現在怎麼選擇，就代表未來將走怎樣的路，你會和誰結婚、讀哪個學校、在什麼公司工作、會交到怎樣的朋友等等，都是冥冥之中早已注定，其實也就是自己之前在每個十字路口所選擇的綜合結果，一切都是自因自果自負，不是嗎？

但這些命運的劇變，當時站在路口時，你在做出抉擇的那一天，在日記上，你記得相當沉悶與平凡，當時還以為又是生命中普通的一天。其實，每次看似普通的改變，卻都有可能改變普通的你。

活在當下；勤，改變命運；善，改變人生。

霍金的依賴模型實在論：

宇宙的本質是大腦重塑虛構的，
你是活在經驗自己的虛幻世界裡。

眼見不一定為實，宇宙本質是一團無形的能量波，電子是沒有固定位置，稱為「不確定性」。一團能量波代表凡是皆有可能，是觀察者將能量波轉換成只有一種可能的物質影像粒子。我們聽到的一切都是一個觀點，不是事實。我們看到的一切都是一個視角，不是真相。只有容納更多的多元化新資訊，才能全面接近事物的本質與全貌。

我們是活在自己幻覺及環境謊言編織的世界中，一切都是假象！

在整合「量子力學、腦部醫學、數學與電腦演算法」後，你會發現：**生命其實就是在「經驗你自己」。你是活在你的意識所創造的經驗值世界裡。因此，世界是自己的，與別人無關，別人只是陪你一起成長，不管是朋友還是仇人。**

目前有幾個關於大腦模型的最新研究報告，顯示我們所看到的世界，是一個經過我們大腦，依據之前積累的經驗，所重新加工塑造的主觀宇宙，跟事物本身的客觀宇宙及他人的主觀宇宙是不一樣，同時對自己而言，只存在我們的主觀宇宙，而不存在事物本身的客觀宇宙及他人的主觀宇宙。所以，我們是活在一個由**我們的過去經驗**所重新加工塑造的宇宙，如右圖。

宇宙是在你心中，而不是外面。你看到的萬事萬物，都是你的宇宙，都是你的主觀意識，都是你自己。別人的宇宙，你是看不到，那是藏在他心中。每個人都是在創造屬於自己的平行宇宙，虛構自己的主觀宇宙。因為你看不到人心，只能推測，所以人心難測。

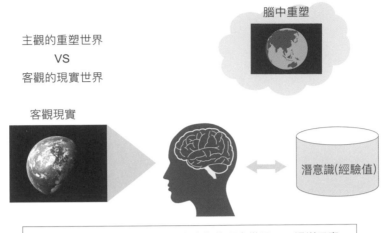

主觀的重塑世界
VS
客觀的現實世界

腦中重塑

客觀現實

潛意識(經驗值)

當我們混淆了主觀的重塑世界與客觀的現實世界——混淆了事物的外在和本質時，幻覺就會出現。當我們相信腦海中的影像就是外在世界，妄念就產生了。

▲主觀的重塑世界。

一、大腦運作是不連續的，是一段一段的輸入、處理及輸出的瞬間資訊處理系統

　　瑞士洛桑聯邦理工學院與其他大學研究人員，共同提出了大腦兩階段模型：

　　第一階段是「無意識」階段：大腦先處理「接收事物」的特徵（資訊），如顏色、形狀、聲音等，在此階段期間是沒有時間感，也感覺不到事物特徵的變化。

　　第二階段是「意識」階段：等無意識階段處理完成後，大腦會立即給出經過處理後的所有特徵（資訊），並形成最終的「畫面」：「大腦是將最後經處理過的影像，快速的呈現在我們的腦海裡，其實你看到的是一個經處理過的資訊影像，只是一種「電子信號」的感覺，而不是真實直接看到的。」

這一模型，顯示意識並不是連續生起的，而是每隔一段時間生起一個瞬間念頭，意識之間是長達 400 毫秒的無意識狀態，在這段間隔裡沒有時間感。

研究人員指出，人們感覺周圍的世界是流暢無間的，其實這是一種幻覺。近來一些實驗表明，外界資訊並非連續的進入意識認知，而是大腦在離散的時間點中收集這些資訊，再經處理後呈現出來。就像每秒 24 幀的電影影片，因為放得太快而讓我們誤以為是連續的。

整個過程從外部刺激到意識認知，持續時間可達 400 毫秒，因為大腦想給你最好及最清晰的資訊，這需要花點時間。

二、現實也許只是大腦依據自己的預期產生的幻覺

最新研究指出，現實世界其實是大腦用之前累積的知識和經驗所產生的，然後再反過來主導了我們看待世界的方式。因此，我們所理解的現實世界，其實大部分都是大腦自行用過去經驗拼湊加工的產物。例如，當你撿起東西時，你感受到的重量主要來自於大腦對其重量的預期，而非物體的實際重量。

研究人員指出，大腦無時無刻不在監控我們的身體狀況和周邊環境，以便對隨後可能發生的新狀況進行預測與回應。最有可能發生的預測便會被大腦排在首位。他們還補充說：「人腦是在不斷的展開統計演算，藉此描述周邊世界正在發生的情況，並將這些演算結果按一定層級進行排序。」

研究人員稱，大腦的預測結果是建立在多種因素的基礎之上，包括個人經歷和情緒狀態等。也就是，人沒有自由意志，而是由「累世經驗值」的潛意識在主導我們一生的所有選擇與決定。**人生的宇宙法則就是「自因自果」，人是受累世經驗值的控制。**

三、科學家的科學實驗，竟然人是沒有自由意志，只有互動反饋機能

在證明大腦與自由意志的實驗中，最著名的就是前一堂課中，加州大學舊金山分校神經學家班傑明・利貝（Benjamin Libet）的一項研究。

後來在 2013 年，柏林伯恩斯坦計算神經科學中心的約翰-狄倫・海恩斯（John-Dylan Haynes）和其同事發表的一項意識研究當中，結果發現，大腦活動也是提前做出預測，比測試者的意識早 4 秒，這個間隔時間可說是相當久的。

這兩項實驗結果說明：過去所累積的經驗值潛意識要比當下的顯意識，提早幫我們做出決定，並讓我們誤以為是自己在做決定。

四、霍金在其《大設計》一書中，提出了「依賴模型實在論」

霍金的「依賴模型實在論」是從量子力學的角度說明：作為宇宙的觀察者，人的意識才是創造「實在宇宙」的建構者。

霍金認為：人的大腦有一種被動的感官接受性，能夠接受外在信號的輸入，同時，大腦還有一種主動的加工自發性，能夠對這些外在信號（客觀宇宙）進行加工處理，進而重新建構一個依據自身特定經驗的現實世界描述（主觀宇宙），如下頁圖。

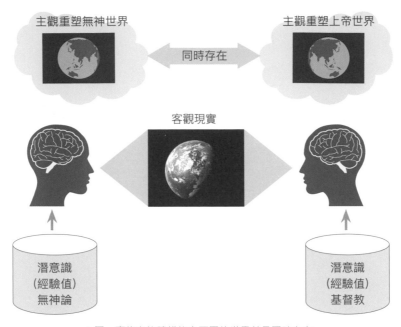

▲同一事物允許建構許多不同的世界並且同時存在。

　　「依賴模型實在論」意味著我們對同一事物（客觀宇宙），允許不同經驗與理論架構的人，如基督徒與無神論或其他宗教者等，同時用不同的理論模型來解釋，並創造出各自不同的現實世界（主觀宇宙），如上圖。簡單說，就是允許事物本身的「客觀宇宙」，能有不同的「主觀宇宙」的創建並同時存在，這是一種平行宇宙的概念。

　　霍金的「依賴模型實在論」可以說是堅定的倒向「唯心論」，並宣告「唯物論」的死亡，也說明了：**「不存在純粹客觀的、外在的宇宙。」**

　　真實呈現的宇宙是由我們的意識，依據累世經驗值，經過加工重新建構的，雖然不客觀，甚至誤解得離譜，但它卻是唯一主觀真實存在的。反而客觀真實的宇宙是從未存在過，而它只存在於宇宙量子電腦的程式中，等待被主觀意識加工重塑。

　　一個客觀宇宙（同一事物），是可以同時被加工虛構成無數個主觀宇宙（看法與新經驗值）並同時存在。

　　你的宇宙是你創造的，你看不到別人創造的宇宙；同樣的事物，不同人創造出各自不同的宇宙；同樣的事物，也會因我們的不斷學習成長，而創造出不同時間點的不同宇宙。我們過去創造的宇宙們，會決定並創造出當下的宇宙，人生的命運是一種因果關係，就端看你過去的每個當下所創造的宇宙。這就稱為平行宇宙或是一念一世界。

　　所以，人在表達時，都是在陳述自己的經驗背景。有時候對方的表達，或許不如你意，但請理解，因為這只是對方見聞及經歷所累積而成的認知。同樣，無論你在表達什麼，其實都是關於你自己的想法。想要達成共識，就必須有相同的目標及共同的成長，這需要不斷添加相同目標下所需要的新經驗值。

　　物質世界是自己想像出來的主觀宇宙，像我們所有的情緒，都不是受到來自外界客觀宇宙的影響，反而是源自於自己幻覺的控制。其實，我們一直是被自我勒索的想像所嚇大的。大部分的情緒都是自己的幻覺，沒有痛苦的人，只有痛苦的想法。

　　讓你的生命受到限制的是你自己，
　　讓你的人生受到折磨的是你自己，
　　親愛的，你的宇宙只有一個永恆觀察者，那就是你自己。

　　你一生都在創造你自己的主觀宇宙，
　　你只能活出你自己的精彩及創造出屬於自己的人生意義，
　　其他的，都是你無能為力的他人平行宇宙！

　　「思維」實際上是一種「受控制的幻想」，在認知學領域有一個理論認為：感知、運動控制、記憶等大腦功能，都是依賴於大腦對**「過去經驗」**和**「未來期望」**的比較，稱為「預測編碼理論」。該理論正在 AI 領域中幫忙建

立起更有智慧的 AI。

目前，有越來越多神經科學家也認同這個理論，並認為大腦其實是重視對現實的**假設與預期**，而不是五覺感官接收的實際資訊。

過去，20 世紀的神經科學家認為大腦僅僅是接收五覺感官傳輸的資訊，大腦的任何活動都來自於真實物質世界的刺激，他們並不認為大腦時刻都在做出預測。

但是實驗證明，大腦思維過程並沒有這麼簡單。譬如，在沒有任何外在物質刺激的時候，大腦神經元仍然很活躍，甚至耗用更大的能量，稱為「大腦暗能量」。此外，大腦迴路傳輸的資訊量之大，實在很難用簡單「刺激與反應」的模型來解釋。

科學家隨後認為，大腦是根據「外在的輸入資訊值」與「內在的過去經驗值」，共同對「外在的未來期望值」做出機率推斷，並計算出「可能性最大」的最有利方案。可以這麼說，**大腦不是被動等待外界輸入資訊值，而是主動用過去的經驗值來加工建構一個關於這個世界的假設，並用假設來解釋世界。**大腦只接收它相信及想要的資訊。

因此，這些專家認為人沒有自由意志，是受過去經驗值的潛意識所控制，**人類的思考是一種「受控的幻想」。你看到或聽到的物質世界，是你當時最大可能性推測的想法所創造出來的。**

真相是：物質世界的一切都是假象，都是想像出來的。

人生，是一種內在意識的「體驗」活動。人生無盡的悲歡離合，不過是不同的心路，不同的歷練，在選擇的那一瞬間，從心底所湧出千差萬別的感受與體驗。

所以，外面世界的紛擾，都只是我們體驗的素材，沒有對與錯，只有因

和果。而世上我們所遇見的人，都是來陪我們一起成長的，也沒有壞人與好人之分，只有主觀意識上的差異之分。

外面事物全都只是一種「客觀」的能量與頻率，不存在好與壞、美與醜、對與錯等等，這些現象全是經過我們的「主觀」分別心所加工轉換及貼上標籤後才產生的。並且，隨時間的改變，這些現象也會經常跟著改變。

就像，藍營會認為蔡英文做得很差，綠營會認為馬英九做得很爛。昨天會認為柯文哲是白色力量，今天又變成紅色力量，其實這些都只是一種主觀意識的推測而已，而且這些推測也經常隨著時間的改變而改變。又如，從愛情與親情的觀點，所推測出來的世界也是不一樣的，一個是情人眼中出西施，一個是俗不可耐的黃臉婆，但本質上，你老婆的頻率一直都沒變的，而是你的推測的想法變了。

時間與空間會改變一切的。

因為我們是用過去有限的經驗值來解讀我們只清楚很少部分的外在世界，所以，**我們總是在不斷錯看這個世界中逐漸成長。**

就過去的經驗值而言，我們經常是圍繞在「得不到」、「得到後又厭倦」及「得到後又失去」的痛苦漩渦中。而外在世界的資訊值，則經常是每個人都把真實的感受藏在心裡，表現在外的，通常是與內心不一致的假面具。因此，我們看到的世界根本是一種不斷在變化的一時表象，這就導致我們經常誤判與誤解了這個現實世界。

你的世界是過去經驗值所加工建構的，本質上就是一種假設所推斷出來的幻覺，這種幻覺是用「過去」痛苦的記憶來推斷尚未發生的「未來」。也因為我們總是把「憂傷的過去」融合「擔憂的未來」，建構成「虛幻的現在」，所以，當你把幻覺當真時，這就是痛苦的來源。

我們是活在過去、現在及未來同時存在的虛幻世界裡，只有活在客觀的

當下，才能釋放出你的心靈。其實，這個世界，沒有你想像的那麼好，也沒有你想像的那麼壞，一切都在你的一念之間。你之所以看到的是一個不完美的世界，是因為你有各種執著和不切實際的期待，如果你可以從這裡出離，你就會變得非常自由與強大，沒有任何事情可以激怒你或傷害你。

當你找到並追隨你的初心，你的內心也緊跟著靈魂而改變時，外面世界的紛擾也就跟著改變了。當每個人都受到靈魂愛與善念的感召與影響，當每個人的內心能量與頻率變得寬容與慈悲，自然我們這個世界就跟著徹底改變了！

所有的痛苦都是自己引起，你的期望投射在別人身上，當別人無法滿足你的期待，你就會失望與痛苦。你的失敗是因為現實無法吻合你的選擇，結果不符合你的期望。

你成不成功，你幸不幸福，都是跟你的選擇、你的想法、你的定義、你的期待有關，跟外在的人事物無關，是你的意識創造這個宇宙，都是你自己的安排。

同樣的別人，同樣的情景，不同的心，不同的期待，就有不同的美、醜、幸福、失望。外在不會變，是你的心在變。是你的價值判斷，造成世界在變。

大腦「推論階梯」：

我們是活在自己的「內心戲」中，
我們只看到想看到的，只接受想接受的。

不是所有人都想要真相，大多數人只想不斷的確認他們所相信的是真相。很多時候，蒙蔽我們雙眼的不是假象，而是自己的執念。我們一生會被騙無數次，但都是被自己所騙，而不是別人，因為外面沒有別人，你的宇宙只有你一個人！

加州大學歐文分校的認知學教授唐納德‧霍夫曼（Donald Hoffman），30 多年來致力於研究人類感知、人工智慧、進化博弈理論和人類的大腦。他的結論是：**大腦呈現給我們的世界並不是真實的世界。**

世上的一切，在某種程度都是一種假象。

哈佛大學著名的管理及系統學者 Chris Argyris 則提出「**推論階梯（Ladder of Inference）**」，將人們的思維過程分成七個階段：

一、原始資料（Raw Data）：

階梯第一層，意識經由五覺感官（視聽嗅味觸）接收成千上萬的周遭資訊。

二、過濾資訊（Filter Info）：

因為意識只能同時處理少數七八個事情，所以意識會依據我們過去的經驗及當下的要求，從觀測得來的巨量資訊中，**篩選出我們「認為」重要的資**

訊。在有限時間內，大腦是追求速度而犧牲正確性，因此，我們對世界的理解，在本質上是「不完善」的。

三、賦予意義（Assign Meaning），四、假設（Assumptions），五、結論（Conclusions）：

第三、四、五層中，如右圖，意識會去儲存過去經驗值的「雲端意識數據庫」裡，讀取相關經驗值。接著，經由決策演算法，計算出各種回應的可能方案，並「選擇」其中最有利的方案，作為意識的「回應決策」。然後，再依這個最有利的推測方案，加工虛構出一個與「真實客觀宇宙」不同及只屬於你自己的「主觀宇宙」。

六、調整看法（Adjust Beliefs），七、做出行動（Take Actions）：

最後，將新的「主觀宇宙」投影顯示在腦海裡，並指揮肌肉產生各種情緒，如哭泣、憤怒、害怕及大笑等，此時左腦也同步將「主觀宇宙」的資訊值轉成語言。科學家實驗發現，左腦有「在混亂中找出秩序」的傾向，竟然，左腦是一個有自圓其說傾向的說謊者。這個傾向能讓每個人面對爭議時，都會往對自己有利的方向解釋，然後舒舒服服的繼續活下去。這時你會發現溝通是件很可笑的事情，因為人們通常是帶著說服的心態。

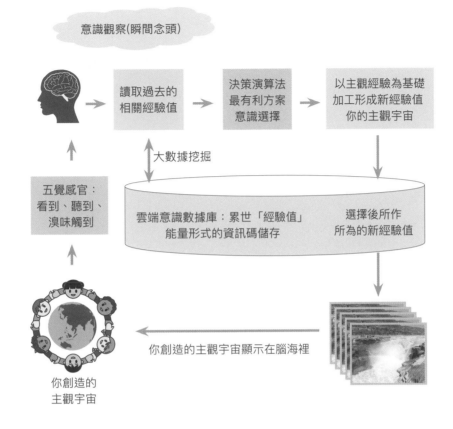

人類的行為，在經過一連串腦科學實驗及量子物理理論的佐證，我們漸漸知道，其實，我們都是活在自己的**「內心戲」**中，**我們只看到想看到的，只接受想接受的：**

一、我們是活在過去經驗所虛構的世界裡：

我們對世界的感知從來都不是直接的，它是間接的，是大腦對世界真實面目的最佳猜測，是對外部現實的內部模擬。

因為我們是活在自己偏見所創造的模擬想像之中，其實我們是被自己的幻覺所蒙蔽。所以，當把自己想像所創造的虛幻主觀宇宙認定就是外面真實

客觀宇宙時，就會產生錯覺與妄念，並開始衍生出一連串的痛苦與煩惱。

過去我們有著太多不愉快及不公不義的記憶，所以大腦就會不停的隨著念頭對現在及未來模擬出許多害怕、猜疑、貪婪及苦惱的主觀宇宙。其實，世界一直都沒變，是我們錯看這個世界，我們的預設立場所產生的幻覺，讓我們老是對這個世界看不順眼而自尋煩惱及不停的抱怨，然而這都是我們自己造成的，根本與別人無關。

二、你只會看到你想看到的，接受你想接受的：

大腦每個瞬間念頭，在接收成千上萬的周遭資訊後，會先過濾篩選大腦認為不重要的資訊，然後只處理幾件想知道及已經知道的資訊，此時，你只會看到你想看到的，接受你想接受的。

因此，一個人相信什麼，他未來的人生就會靠近什麼。人的一生會變成你所想的那樣，你怎麼想，你怎麼期待，你就會擁有怎樣的人生。

你相信什麼，才能看見什麼；你看見什麼，才能擁抱什麼；你擁抱什麼，才能成為什麼。

我們的人生之路越走越窄，往往不是因為不夠聰明，而是因為我們不再相信，因為不再相信，而錯過了一切美好的開始。如果你覺得世界太黑暗，那麼所有發生的事都會讓你不開心。

如果你想改變生活，首先就應改變自己。人人命運不同，選擇相信是一種命運，不相信也是一種命運，而你相信的，就會是你的命運。命運是先相信後才看到，而不是看到後才相信。因為物質世界是被創造的，而不是被發現的。

想像不了就無法實現，
相信不了就無法看到。

三、左腦是被設計成自圓其說的說謊者：

人是沒有自由意志，是受潛意識的控制，人的選擇甚至最基礎的感官都受到已有的思維方式和本身的性格的支配。人是無法控制自己不說謊，也無法發覺自己在說謊。

人類比想像中更不理智，人們會不自覺拒絕與自己世界觀相衝突的事實。人是在行為決定後才去找理由的。所以人在完全不知情的情況下，會為自己的行為做出自以為是及最合理的辯護與抱怨。

就像人與人的對話，本質上是沒有任何意義的。說真話會破壞氣氛，令人不舒服。就算講真話，大腦只接收它懂的及想聽的話。遇到結果與自己的預期判斷有很大落差時，左腦則必須不自覺的說謊，只有合理化自己的錯誤，這樣才能愉快的生活下去，不然走不下去，這是人類進化的產物，這就是人性。

四、愚蠢的行為，都是因為我們延續過去，而且還把它合理化：

大腦運行的方式，也讓我們成了經驗的奴隸，不能客觀的判斷當下的形勢，我們總是讓過去的東西綁架了自己。阻礙人們發現真理的障礙，並非是事物的虛幻假象，也不是人們推理能力的缺陷，而是人們之前積累的偏見。讓我們陷入困境的，不是無知，而是真相不是我們以為的那樣，也就是預測失敗，錯看這個世界。

五、只能用非常有限的經驗值來判斷當前的問題：

大腦決策是一種計算過程，而且只能用非常有限的經驗值來判斷當前的問題。糟糕的是，宇宙未知的部分佔 96％，主要是隱藏在黑洞裡的人心及我們不知道的現象與科技。

所以，在陌生領域中，用幾乎無知的極少數經驗值來做判斷，通常是要

繳納高學費。也可以這麼說，自認的自由意志及智慧，在浩瀚無垠的未知宇宙中，簡直是不堪一擊。

愛因斯坦說：用一個大圓圈代表我學到的知識，但是圓圈之外是那麼多的空白，對我來說就意味著無知。而且圓圈越大，它的圓周就越長，它與外界空白的接觸面也就越大。由此可見，我感到不懂的地方還大得很呢！

老子說：無為而治。意思是，人往往因為堅信「人有自由意志及自信能用過去經驗的智慧來解決人生問題」，這種無知的自信會讓自己陷入重大困境。

放下你認為對的觀點，稱為「無為」，多接收新的觀點，稱為「學習成長」，老子認為，懷著謙卑再謙卑的心態，用「歸零學習」的不預設立場，去看待一切的事物，這才是人生的最高境界。

六、大腦認識世界是以預測為基礎：

成為虛構者及說謊者的大腦，其功能有兩種：一是製造幻覺以迷惑、誤導甚至奴役、控制我們；二是重複同樣的謊言，最終會使它成為我們頭腦中的真相。

世上的一切都是假象！

你看到的一切，雖然都是真實的，但卻是一種假象，因為，真實與真相是不一樣的。我們是活在瞎子摸象的虛幻世界裡。

事物的真相，必須要獲得全部及完整的資訊，片面的資訊，雖然全都是真實的，但卻僅是真相的一小部分，而我們看到的一切，都是一時的表面影像，也無法碰觸到表面影像的內在本質，所以，你看到的一切都是假象，是與真相差距甚遠的資訊，都是真實的一時生滅虛幻影像。存在的不一定合理，而合理的不一定存在。

　　請認清：你看到與聽到的，都是「一時與片面」與「真實」的「虛幻影像」，而非真相。

　　所有真相的可靠性，均端賴於：正確資訊（善業）的不斷增加及錯誤資訊（惡業）的不斷減少，這就是學習成長，讓自己的相對真理逐漸接近絕對真理。

　　當所有的假象（相對真理）都搜集完整後，才能稱為真相或是本質。千萬不可執著在你所堅持的相對真理（假象），我們真正要堅持的是：不批判、不理他人看法、歸零學習與創新、做自己！

七、頭腦是受潛意識的業力所控制：

　　頭腦的運作方式是線性的、推演式、邏輯化的方式，是將各種相關資訊拼湊在一起，經由邏輯推演的過程，產生下一個思緒。每個念頭都受到前一個念頭或經驗的制約，是由過去的經驗和思維直線性層層展開的。

　　或者每個念頭都是過去習氣的反射，所有的念頭也不過只是一切習氣轉變及依序活化的過程而已。雖然過去記憶對於引導出熟悉感以及對重複事件處理的順序非常重要，但在面對意想不到的新情景，需要新觀念、新突破時，卻常覺得力有未逮。

　　想要用產生問題的思維去解決問題，是不可行的；想要用過去豐富的經驗來改變現狀與命運，更是不可行的。

　　我們把自己關在經驗值打造的囚獄中，讓自己的主觀宇宙逐漸遠離絕對真理的客觀宇宙，把自己活得越來越像過去的自己，讓自己越來越缺乏創造力。因此，想要改變命運，就必須擺脫以身體為主的存在模式，擺脫過去的制約，而改變成活在一個不可預期的冒險未來，一個以靈魂為主的創新模式。

就像婚姻，因為我們都是活在經驗自己的內心戲中，雙方都是有強烈主觀意識的獨立個體。其實婚姻是無法維持，也無法溝通，溝通經常是要求改變對方。

所以婚姻最重要的是自我經營，專心做自己，當你不斷提升自己，你也會接納對方你認為的不完美，支持對方做自己，而做自己是需要很大的勇氣與不斷的成長。

當雙方各自逐漸圓滿自己時，你會發現彼此的差異也逐漸縮小，那時一切的差異既是也不是，就像量子力學的疊加狀態，允許凡是皆有可能的同時存在！

過去心不可得（沉湎），
未來心不可得（妄想），
現在心不可得（執著），
生命就在呼吸之間（當下的領悟）。

能改變命運的是願力，而不是業力。業力是一種歷史包袱、生存模式、具有制約性，豐富的經驗在面對瞬息萬變的挑戰之下，往往是不堪一擊；而創新是藏在願力裡，只有願力才能改變命運。

PART 3

隨機混亂的無常力：
透過無常來喚醒靈魂

■第七堂課│隨機混亂的熱力學：
人生的無常，是精心設計的，借此不斷挑戰生命的思維，進而產生千變萬化及多彩多姿的現實世界。

■第八堂課│耗散結構理論：
人必須不斷的吸收新資訊、改變及學習成長，一旦停滯，就會走向混亂與老化。

■第九堂課│哥德爾的不完備性：
不完美的缺口，是為了不斷的自我超越。

● 泰戈爾：

「只有痛苦能體現人世間的一切事物的價值。人創造的一切，是用痛苦創造的。不是以痛苦創造的東西，不全是他自己的。

因此，不是通過安逸，通過享受，而是通過捨棄，通過饋贈，通過修行，通過受苦，我們才能深切地獲得靈魂。除了受苦，我們沒有別的辦法了解自己的力量。我們了解自己的力量越少，理解靈魂的光榮也越少，真正的快樂也越膚淺。

奮鬥以痛苦的形式在世界上存在著。我們在身心內外創造的一切，全是一面奮鬥一面創造的。我們的一切誕生，全經歷陣痛，一切收穫全從捨棄之路走來，一切永生全踩著死亡之梯攀登。」

● 困境的磨練，就是成長的最佳滋補品，今生的困境，就是前世未完成的功課，面對困境，你必須改變自己，不然它會成為你的宿命，你的悲劇，當克服困境，你的命運才能就此改變，抱怨宿命或是改變命運都在你的一念之間。苦難竟是化了妝的祝福，只有不完美才能通向完美。

● 如果你認為，心靈喜悅、平安與幸福是由看得見的物質世界裡所發生的外在事物來決定，那在這個充滿變動與虛幻的世界，你唯一能依賴的只有「無常」，在瞬息萬變的今天，你的麻煩可就大了，你永遠只能感到一時的暫時滿足罷了，而痛苦必然經常隔一段時間就產生！

但如果你有那麼的一天，不管這個世界發生了什麼，你都能強大又平安又心存喜悅，此時，你會發現，這才是永恆內在的真實力量，這才叫做真正的強大與自由。

● 我終於明白：

■ 失去是人生很重要很寶貴的階段
■ 一切都會消失，所以不值得對一切太過執著
■ 一生發生的每件事，都讓我從中學習許多
■ 我不預設立場，我願意經驗一切並以平常心承受
■ 每個境遇，不管是好是壞，都是寶貴的學習機會
■ 接受無常，將無常視為生命一部分
■ 該來總是會來，由不得人做主
■ 答案是藏在問題中，無法逃避只能面對
■ 不了解人生的無常，就難以懂得如何面對人生
■ 想要過不一樣的人生，就要做不一樣的決定，面對不一樣的遭遇

隨機混亂的熱力學：

人生的無常，是精心設計的，借此不斷挑戰生命的思維，進而產生千變萬化及多彩多姿的現實世界。

沒有混亂與無常，就沒有成長，沒有成長，就沒有創新，沒有創新，就沒有宇宙進化，沒有宇宙進化，宇宙就失去意義。完美往往代表停滯。

　　我們無法知道無常與明天哪個先到。生命中的「冥冥之中自有定數」，不是指「命中注定」，而是指這一切的發生都是為你而打造。這一切指的是困境的來臨及無常的發生。生命的意義不是為了成功，而是為了透過不斷的回應這一切而成長，進而活出精彩人生。

　　在我們的人生中，總感覺有一股冥冥之中的力量在牽引著我們，這股力量不是來自於神，神只是負責平台，而是來自於宇宙法則：物理定律及數學方程式。

　　在解釋宇宙的所有物理理論當中，最基本的定律，就是熱力學三定律。其中熱力學第一定律就是有名的「能量不變定理」，第二定律又稱「熵增」定律，是在說明自然過程中，一個封閉系統的混亂程度（熵）會趨向不斷增加，譬如建築物年久失修就會自然倒塌、人會逐漸變老而死、山脈及海岸線會不斷受侵蝕及自然資源逐漸被消耗光等，或是帝國的沒落、文明的消失、企業的衰敗、富不過三代等也都是受到這個定律的影響。

　　熱力學的結論，就是在講整個宇宙的命運，若是沒有成長與創新，最後就會走向混亂甚至滅亡。

　　那為何熱力學是宇宙最基本的定律呢？因為它是宇宙針對生命而專門設

計的舞台。沒有這個舞台，生命就失去意義了。

熱力學和統計物理學的奠基人之一，奧地利物理學家路德維希・玻爾茲曼（Ludwig Boltzmann）說：

「走向混亂無序充滿隨機的不確定，不是來自上層上帝的強迫力量，而是來自底層原子隨機的碰撞。由於原子的隨機碰撞，造成環境充滿不確定性，隨時都會有新的問題產生，借此不斷挑戰生命的思維，進而產生千變萬化及多彩多姿的現實世界。」

人類文明就是一部宇宙進化史，人的一生就是一段成長的路程，生命就是透過不斷回應外在環境（熱力學）的混亂及無常挑戰，進而產生及儲存成長所需要的經驗值，然後不斷的創新及自我超越，這就是生命真正的存在意義：

沒有混亂與無常，就沒有成長，沒有成長，就沒有創新，沒有創新，就沒有宇宙進化，沒有宇宙進化，宇宙就失去意義。完美往往代表停滯。

看來，不可捉摸的無常變化，才是常態，這是宇宙精心設計的。

我們一出生來到世上，面對的是一個陌生環境及未知未來，我們的大腦從小到大，整天都是在處理及回應這些新問題，然後從中記取教訓及經驗，並且再把這些經驗歸納成「規律」，作為下次回應新問題的決策依據，所以，人的大腦其實就是一部小型量子電腦：

一、輸入：接收外在環境隨機無常的新問題與新挑戰。
二、讀取：運用大數據挖掘法去挖掘相關歷史經驗值。
三、計算：運用決策演算法，計算出最佳回應方案並添加新經驗值。
四、輸出：回應、體驗及反省。

外在環境的混亂與無常是在所難免，所以生命最重要的不是結果，而是

「回應」，然後創造及儲存經驗值。因此，人生追求的不是一時的成功，而是持續不斷的成長，進而活出精彩人生。

事情的發生或許是早已注定，但事情的結果卻是不確定性及不可預知，就端看你如何去回應。同樣的事情發生，不同態度的回應，就會有不同的結果。

有一個古老的寓言故事：十八隻狐狸的故事

在肥狼爺的果園裡，枝頭上長滿令人垂涎欲滴的紫葡萄，很快就吸引附近狐狸們走進果園。

第一隻狐狸：牠發現牠的小個頭，這一輩子是吃不到葡萄，因此心裡認定葡萄肯定是酸的，吃了也難受，還不如不吃，於是心情愉快的離開。這就是所謂的「酸葡萄效應」，稱為合理化解釋。

第二隻狐狸：牠心想如果吃不到葡萄，別的狐狸來了也吃不到葡萄，那何不動員所有想吃葡萄的狐狸搭成狐狸梯，這樣大家都能吃到甜甜的葡萄。牠採取問題解決模式，直接面對問題，沒有逃避，最後解決問題。

第三隻則認為自己太渺小，便傷心哭了起來，並抱怨上天對牠不公平。第四隻鬱悶、第五隻心理不平衡、第六隻認為反正大家都吃不到而無所謂。當然也有少數狐狸態度積極，最後找到方法而吃到葡萄。

這個寓言故事告訴我們：當遇到事情時，你會選用哪種方式來回應呢？消極者找理由，積極者找方法，不同的心態和回應模式就會產生不同的結局。

命運是由你的想法及行動所決定，人生就是一連串不斷做回應的過程，而我們的選擇，以及怎樣處理自己的行動，將決定我們成為什麼樣的人。

再舉個例子：

你與家人吃早餐，女兒不小心咖啡潑在你的襯衫上，這是你無法控制的情況，下一步將如何？則由你的回應而決定，你在緊接那五秒內的反應，將改寫你命運的結局：

第一種：憤怒反應──霉運的開始。

你狠狠臭罵女兒一頓，再把怨氣發洩在太太身上，怪她把咖啡放在桌邊，跟著一陣罵戰！你女兒哭著吃早餐，結果錯過巴士。你只好匆忙開車送女兒去學校。送完後，怕耽誤上班，造成你超速被罰款還上班遲到，這時你竟然發現忘了帶公事包。這真是非常糟糕的一天，你與家人的關係還出現明顯的裂痕，為什麼？一切皆由你早上的反應而起。

第二種：溫柔反應──順利的一天。

咖啡翻倒在你身上，女兒幾乎要哭了，但你溫柔的說：「親愛的沒關係。」在你更衣完畢，並拿起你的公事包時，望出窗外，女兒正在巴士上，她回頭向你揮手。你早了五分鐘到達公司，並親切與你的同事打招呼。

不同情景，由同一個開頭所引起；但結局完全兩樣，為什麼？皆因你的回應而造成。

所以命運的關鍵就在回應的態度，我們或許無法掌控隨機無常的際遇，但可以掌握我們回應的態度。

不同的態度，就會有不同的回應，就會有不同的命運。觀念決定態度，態度決定方法。失敗者找理由，成功者找方法。阿拉伯諺語「你若不想做，會找到一個藉口；你若想做，會找到一個方法」。

台積電董事長張忠謀先生就曾寫道：「人生不如意十之八九，但決定生

命品質的不是八九，而是一二。在面對苦難時能保持正向的思考，能『常想一二』，最後超越苦難，苦難便化成生命中最肥沃的養料。使我深受感動的不是他們的苦難，因為苦難到處都有，使我感動的是，他們面對苦難時的堅持、樂觀、與勇氣。」

宇宙為了創造多彩多姿的世界，就精心設計了賦於生命不同的思維及不合理的環境變化，這種物理碰撞，就是「生命力」。

熱力學的混亂趨向，其實是一種機率學，自然界在執行物理定律時，都會自發性的選擇機率最高的方向與路徑走。在所有的狀態中，有序的部分總是佔少數，無序的部分佔絕大多數，所以系統就會往無序的方向靠，讓整個系統變得越來越無序。譬如 1，2，3，4，5 這五個數字排序，總共有 120 種排列組合的方法。如果把從小到大的 1、2、3、4、5 或從大到小的 5、4、3、2、1，看成是有序的，就只有兩種，而剩下的 118 種，全是無序的。而一個簡單系統中的原子數通常達到億億億數量級，在這種情況下，系統演化成有序狀態的機率是無限趨近於零。

我們在玩牌時，要拿到同花順的機率很微小，大部分時間都是拿到爛牌。所以人生就像打牌，**我們改變不了上天發給我們的牌**（出身背景、無常、天賦等），**但是我們可以決定怎麼打這手牌**（不斷嘗試、記取教訓及改變等）。所以，人生重點不在結果的發生，而是在如何回應。而**回應的態度才是關鍵。**

面對、回應、創造經驗值及學習成長是生命的基本程序，物理學就認為，生命可以被視為是一種計算過程：「**它的目標就是最大化的實現有意義『經驗資訊』的添加、儲存、運用及分享。**」這種有意義的經驗值，則稱為「體驗值」。

人是直覺的動物，直覺的依據是：經驗範圍及進化學習能力。進化能力是指想法的進化，而不是物種的進化，經驗範圍稱為經驗值，進化學習能力稱為體驗值。經驗值經過深思反省後，就變成體驗值，也就是一種學習成長

的轉化。生物（動物及植物）都具有經驗值的累積與運用能力，但唯獨只有人類具有體驗值。

經驗值，也就是業力，決定現在，而體驗值，也就是願力或創新力，則能激發創新能力，進而改變未來。所以人類跟 AI 的決策模式是一樣的，都是透過深度學習來回應外在環境的變化與威脅，一方面利用經驗值來求生存與繁殖，另一面運用體驗值來求進化與超越自我。

人生的遭遇，關鍵不在於是否會遭遇逆境，而是在於我們如何去面對逆境。每一次的危機都會帶來很棒的成長機會。

危機：有危險才有機會，
捨得：有捨才有得。

熱力學的混亂與無常，是多麼完美的設計，只能讚嘆上天的巧思傑作，原來熱力學就是在塑造一個讓生命能夠不斷成長及創新的環境與力量。

回應的態度是由一連串的學習成長所塑造而成，人生的成長導師是困境、不如意、失敗、挫折及錯誤。

英國偉大的物理學家邁克爾·法拉第（Michael Faraday），雖然他的出身及學歷都很低，但自學成才，不畏嘲弄，終於成為一代偉人。法拉第在日記中寫道：「人生有苦難，有重擔，人性有邪惡，有欺凌，但是到後來這些都對我有益處，苦難竟是化了妝的祝福。人生在一連串不完美中，最後總是完美。」

上帝不決定你的命運，但早已賜給你勇氣與力量。上帝不會直接給你答案，而是丟給你許多問題，讓你自己去親身體驗，最後你會發現，答案不在遠方、不在終點、不在未來，甚至根本沒有，而是在過程、在當下的回應，甚至體驗與成長這件事就是答案。

宇宙法則的基本設計原則，都是有目的性及意義所在，絕非偶然創作，就像上帝愛我們的方式，其實都是有意義的：

我們向上帝祈求力量，祂卻給我們困難；
我們克服了困難就擁有了力量。
我們向上帝祈求智慧，祂卻給我們問題；
我們解決了問題就擁有了智慧。
我們向上帝祈求希望，祂卻允許黑暗臨到；
我們走出了黑暗就擁有了希望。
我們向上帝祈求成功，祂卻給我們挫折；
我們走過了挫折就擁有了成功。
我們向上帝祈求幸福，祂考驗我們是否懂得包容；
我們學會了感恩就擁有了幸福。
我們向上帝祈求財富，祂讓我們發現別人的需求；
我們滿足了需求就擁有了財富。
我們向上帝祈求平安，祂讓我們學會珍惜；
我們開始滿足珍惜就擁有了平安。

我們祈求，就給我們，但不一定是按照我們的方式。
有時候，上帝用我們沒有想到的方式，愛著我們。

生命意義就在於不斷的學習成長與回應，主要的力量是來自於熱力學的混亂與無常，而無常混亂就是用來幫助我們快速成長。

命運若是安排敵人給你，是為了讓你超越自我；命運若是安排你倒下，是為了讓你站更穩；命運若是安排你迷路，是為了讓你找到新路。

困境、背叛、不完美，都是通向人生意義的天梯；智慧、勇氣、愛，都是藏在苦難中。

我們的人生不是一場戰役，只是一個體驗的過程，讓我們成長的一個學習過程。如果我們不明白真相，我們就會認為它就是一個不斷痛苦的掙扎。

耗散結構理論：

人必須不斷的吸收新資訊、改變及學習成長，一旦停滯，就會走向混亂與老化。

天行健，君子以自強不息；地勢坤，君子以厚德載物。宇宙存在的意義，從物理學角度來說，一切都是為了創新，當你停止成長，你就會開始厭煩、混亂、衰敗……

生命的存在，全部依賴太陽光。植物吸收太陽光，再經由葉綠素的光合作用，將太陽光轉換成植物營養素，人類吃進植物後就轉換成人體營養素，再經由細胞粒線體的呼吸作用，將人體營養素轉換成熱能，最終再由熱能轉換成熱量。這一系列的能量轉移是不可逆的，也是一種從有效能能量轉變至無效能能量為止的過程，稱為熱力學第一定律的「能量不滅定律」。

太陽光、植物營養素、人體營養素及熱能都是有效能能量，而最終的熱量就是無效能能量。無效能能量是一種不能再轉換為可用的能量。

假如地球未來漸漸充斥著不可再利用的資源，如無法再生的垃圾，並且有效能能量逐漸變少時，也就是世界末日的來到吧！

對宇宙的命運而言，宇宙是一個封閉系統，有效能能量＋無效能能量＝宇宙能量的總和，是永遠不會變的，當有效能能量最後都變成無效能能量的熱量，而無效能能量又不能逆轉回去變成有效能能量時，宇宙就變成一種「熱寂」狀態，這樣的宇宙，就再也沒有可以維持生命運轉的能量存在。

宇宙誕生於 137 億光年前，一直醞釀到 50 億光年前，才形成太陽，有了太陽光的能量，生命才有辦法出現。如果沒有生命，宇宙的形成就一點意

義都沒有。所以這一切,都是經過精心設計的,並且特別設計了兩個關鍵點:**能量及生命**。而這個理論就稱為熱力學的熵增與負熵。

因為能量永遠是遵循「阻力最小途徑」原則,這個原則說明自私是天性,所以在封閉系統裡,每個自私熱分子都往自己最小阻力進行,這就形成隨機與不規則性的布朗運動。而宇宙是一個封閉系統,當有效能能量不斷轉換成無效能能量的熱量時,也就形成了一個趨向混亂及無序的熱力學世界。這是宇宙的基本命運,譬如建築物年久失修就會自然倒塌、人會逐漸變老而死、山脈及海岸線會不斷受侵蝕及自然資源逐漸被消耗光等。這個走向混亂的過程,就稱為「熵」增,熵就是「混亂程度」的代名詞。

這個理論告訴我們,當一個封閉系統達到平衡後,它的命運只有走向混亂與衰敗之路。如帝國的沒落、文明的消失、企業的衰敗、富不過三代等等,都是這個理論的實證。就企業而言,沒有活力的封閉企業,必將滅亡,因為在企業發展過程中,自然而然就會出現組織惰怠、流程僵化、技術創新乏力、業務固守陳舊等現象。對個人而言,人的本性是趨向貪婪懶惰、安逸享樂及固守成見。而這些現象都是正常「熵」增的衰敗過程。

既然宇宙法則都是精心設計的,那麼就不可能這麼簡單,只設計熱力學原理吧!其實「熵增」只是宇宙的其中一股力量,另外還有一股力量的「負熵」,稱為「資訊熵」。

簡單說:**宇宙的基本設計原理就是「熵」與「資訊熵」二股力量的結合與對抗。**這兩股力量就構成宇宙與生命的基本運作程序,跟光合作用與呼吸作用的道理一樣。

後來比利時物理學及化學家伊里亞·普里高津（llya Prigogine）創立了「耗散結構理論」，專門研究如何從混沌無序走向文明有序的逆轉化機制，為此還獲得 1977 年諾貝爾化學獎。他認為：

「系統想要從『無序混亂』逆轉換成『有序規律』，就必須打破原有平衡的封閉系統，轉型成**開放系統**，並從外界不斷的注入**新能量**及系統本身要持續創造**新資訊**。對生命而言，這個新能量就是食物，而新資訊就是新經驗值。」

像生命就是一種開放系統，能不斷從外在環境中吸收新能量和物質，經消化後就會產生熱能與熱量，並向外在環境釋放出「熵」，這是以一種破壞環境的方式，來維持自身系統的穩定。在同時，大腦藉由學習成長的方式，也添加了許多新經驗值。

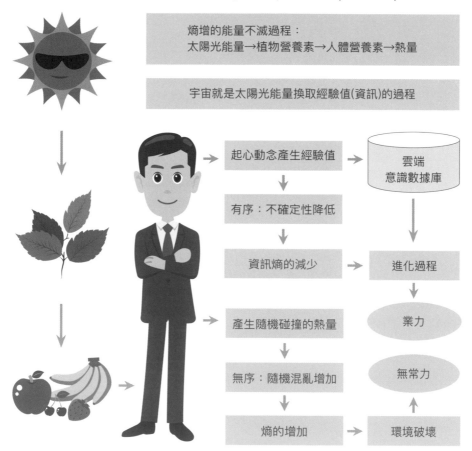

宇宙設計真相：
熵增(混亂度)VS資訊熵(不確定性)

熵增的能量不滅過程：
太陽光能量→植物營養素→人體營養素→熱量

宇宙就是太陽光能量換取經驗值(資訊)的過程

起心動念產生經驗值 → 雲端 意識數據庫

有序：不確定性降低

資訊熵的減少 → 進化過程

業力

產生隨機碰撞的熱量

無序：隨機混亂增加 無常力

熵的增加 → 環境破壞

　　像一座城市要持續發展，也必須是耗散結構，每天要輸入新食物、新資源、新資訊等，同時也會輸出垃圾（熵增）及可銷售獲利的商品與服務（負熵的新資訊），這樣它才能生存下去，才能保持穩定有序狀態，否則將處於混亂。

　　對企業而言，基本的過程就是投入與產出，一方面是原材料與能源的持續輸入，另一方面經加工形成商品後，就要盡快銷售及回收資金。無論是輸入還是輸出，一旦停下來達成平衡，企業內部所有秩序或結構都將趨向瓦

解。顯然，企業這種開放的輸入輸出過程，就是一種典型的耗散結構系統。

對個人而言，我稱耗散結構為「生命力」，也就是「負熵」。因此，人必須與外界不斷的互動，除了補充食物能量以外，還要經常的運動、旅行及吸收與創造新資訊與新觀念，同時還要努力工作賺錢，不然就會走上熵增的過程：老化與衰敗。

像我從事多年的企管顧問生涯，就是一個典型「耗散結構理論」的執行者。像我每次空降到停滯不前且開始混亂的公司當企業轉型顧問（打破封閉系統的平衡）時，就不停息的進行管理變革，讓流程合理化並建立新的管理制度（新資訊），還帶進新的觀念及新的思考模式（新資訊及新能量），同時推動組織活性化及招募儲備幹部（新血輪及新能量）等轉型及創新的管理活動。

我第一個工作的董事長王永慶，就是一位「耗散結構理論」的忠實信徒，這位令人尊敬的經營之神，他口中所謂企業要「合理化」，力求持續的專案改善，其核心思想就是要不斷的打破原有平衡的封閉系統及持續注入新知識、新能量並創造出新經驗值、新技術、新專利。

同樣道理，國家的形成及國力的不斷強大，就必須先建立有序規律的憲法及法律制度、堅持自由開放的風氣、重視教育及知識傳播、建立資訊分享平台及文化交流、不斷引進外籍優秀專業人才等等。美國會成為一個強大的國家，應該跟它擁有一流的高等學府及像磁鐵般不停的吸進全球優秀人才有關。

作為國家及企業的組成份子：個人，生命的基本程序就是先補充食物能量，然後供大腦活動，大腦活動後就會產生兩種東西，一種是大腦思考時，會大量消耗能量並產生不少的熱量，這就會讓外在環境「熵」增，迫使外在環境更加混亂，另一種是大腦體驗後產生的新經驗值，這會讓宇宙的新資訊增加，幫助宇宙的不確定性減少而變得更有秩序與規律，這種新經驗值就是另一股力量的「資訊熵」。

「資訊熵」是指不確定性的程度，資訊量越多，不確定性就越低，系統就能逆轉成由無序趨向有序，也就是一種「資訊熵減」的過程。資訊量越多，不確定性就越低，對未來就更能掌握及更有信心。

現在我們終於明白，宇宙存在的意義，就是提供給這兩股力量表演的舞台：熵增 vs 資訊熵減，這是一種用外在能量（資源、金錢）換取內在經驗值的進化過程。

麻省理工學院媒體實驗室宏觀聯繫研究團隊主管，知名物理學家，塞薩爾·伊達爾戈（César Hidalgo），在其《增長的本質》一書中提到：人類能從混沌原始時代一路發展到高度文明時代，就是依賴「資訊」不斷的累積增長與充分運用。**誰掌握新技術新知識，誰就是贏家。**

生命不停的蒐集及儲存新資訊以回應陌生環境的挑戰，人類不停的閱讀、學習及通過社交活動來累積新資訊。人類唯一的任務就是資訊的創造、儲存、複製及運用。在黑洞的「雲端意識數據庫」就是人類的總智慧結晶。西方稱「雲端意識數據庫」為精神世界，佛教稱減少資訊熵的資訊為「業」，也就是所見所聞及所作所為的經驗值。

物理學認為，生命可以被視為是一種計算過程：它的目標就是最大化的實現有意義資訊的創造、儲存、分享和運用。宇宙就是一個巨大的經驗值數據庫。

物質和能量是客觀存在的、有形的，而資訊是抽象的、無形的。物質和能量是系統的「軀體」，資訊是系統的「靈魂」。

資訊要借助於物質和能量才能創造、傳送、儲存、處理和感知；物質和能量要借助於資訊來表述和控制。

古代人沒有文字，只好用鼓聲來傳遞資訊，但速度慢又容易丟失大量訊息。但人類在經過文字、印刷術、電話及互聯網等的持續發明，藉由一股資

訊的洪流，就將人類一舉帶到最高度文明的繁榮時代，這一切都跟資訊息息相關。

混沌世界是資訊少有效能能量多，演化到高度複雜文明時代則是資訊多有效能能量少，這就是人類的進化過程，對個人而言，新經驗值的創造與積累，就稱為學習成長。

我們都是由相同的原子或碳元素所組合成，但會變成不同的樣子，是因為排列組合不同，也就是資訊碼不一樣。譬如 2500 萬的跑車撞毀後，它的重量沒變，物質結構也沒變，但為何價值只剩 2 萬？這是因為它的排列組合變了，資訊內含不一樣了。

現在我們終於也明白：宇宙的本質是資訊，宇宙是被資訊涵蓋著，宇宙其實就是一個資訊世界。說穿了，我們就是活在一個巨大宇宙計算機的世界裡。

易經說：天行健，君子以自強不息。這句話正說明了，宇宙的本質都是為了創新的學習成長，當你不再創新成長及注入新能量新資訊時，就會注定走上混亂毀滅之路。

無論過去多麼成功，也要警惕自己，畢竟過去的豐功偉績會讓你放鬆自己而不由自主的陷進舒服區而難以擺脫。懶散的人生，會造成「熵增」，讓你不自覺的走向無序混亂。所以從今天起，無論如何，一定要養成習慣，做一個積極主動且有紀律的人，讀書、寫作、旅行、唱歌，這些都很棒。總之：人必須不斷的嘗試、吸收新資訊、改變及學習成長，一旦停滯，就會走向混亂與老化的宿命論黑洞裡，這是宇宙法則，不可不信。

王永慶及郭台銘一直都是「耗散結構理論」的忠實信徒，生命舞台的設計，是建立在以下幾項原則：

一、宇宙的形成，一切都是為了人類的出現。

二、宇宙存在的意義，就是提供給這兩股力量表演的舞台：熵增 vs 資訊熵減，這是一種用外在能量（資源、金錢）換取內在經驗值的進化過程。

三、人類的出現就是為了創造經驗值，就是為了學習成長的創新，而創新是為了進化。

四、資訊量越多，不確定性就越低，對未來就更能掌握及更有信心。

五、系統想要從「無序混亂」逆轉換成「有序規律」，就必須打破原有平衡的封閉系統，轉型成開放系統，並從外界不斷注入新能量及新資訊。

六、人必須不斷的嘗試、吸收新資訊、改變及學習成長，一旦停滯，就會就走向混亂與老化的宿命論黑洞裡，這是宇宙法則，不可不信。

哥德爾的不完備性：

不完美的缺口，是為了不斷的自我超越。

人世間有絕對真理的存在嗎？
偉大的哥德爾證實：沒有。
原來宇宙是被設計成：不完備性。
不完美才是完美，是為了完美。

德國著名數學家希爾伯特（David Hilbert）與偉大的哲學家康德是同鄉，他是名符其實的數學大師，被稱為「數學界最後的一位全才」。

希爾伯特雄心勃勃的提出了一個計畫，計畫號召各路英雄來完成一個終極演算法，希望通過這個終極演算法，可以直接來判定所有數學命題的對與錯。數學界是無法接受沒辦法證明是對又沒辦法證明是錯的命題存在。

數學家們知道世上的一切都是相對真理，但是希爾伯特野心勃勃的想找到絕對真理的終極演算法。

在希爾伯特提出這個前瞻性的偉大計畫後，許多數學家都投入對這個問題的研究。1931 年，參與研究的哥德爾宣告完成研究，但卻是宣告希爾伯特計畫的失敗，因為哥德爾的結論，是與愛因斯坦「相對論」比肩著名的「哥德爾不完備性」定理。也因為這個發現，哥德爾被《時代周刊》評選為 20 世紀最傑出數學家的第一位。同時，哥德爾被看作是自亞里斯多德以來人類最偉大的邏輯學家。

希爾伯特想找到一個可以證明一切的**「絕對真理」**，很不幸哥德爾告訴

他說：那是不可能的。當時哥德爾才 24 歲。

哥德爾的「不完備性」說明了：

一、不是所有對的東西都可以被驗證。
二、也沒有一種理論或真理可以永久解釋而不被超越。
三、有些東西我們目前是不知道的。

當宇宙被設計成「不完備性」後，就會永遠存在部分你不知道的非理性及非邏輯性，而這個缺口是需要我們依賴非邏輯性及非理性的「直覺」來創新，這樣生命就可以不斷的成長與超越自己。

天行健，君子以自強不息。我們所知道的是微乎其微的，我們所不知道的卻是無窮無盡的，因此就會驅使我們不斷的嘗試錯誤，不斷的學習成長及創新改變。當我們一成不變時，就會逼迫我們走上混亂衰敗的「熵增」過程。

哥德爾應該算是一位最偉大的數學邏輯家，他的「不完備性」定理可以說完全衝擊著整個 19 世紀以後的科學界直到現在，涵蓋範圍很廣，包括數學、哲學、邏輯、物理及計算機，甚至人工智慧。

愛因斯坦說：我離開德國，會決定去美國普林斯頓高等研究院工作，是想當哥德爾的同事，並且晚年堅持每天都去辦公室，是因為在路上可以和哥德爾聊天。不幸的是，哥德爾一生飽受精神疾病的折磨，有數次自殺的傾

向，最後絕食而亡。這位偉大數學邏輯家的淒涼晚景真是令人唏噓不止。

後來物理學家計算出我們這個可見物質世界只佔整個宇宙的 4％，我們看不到的世界佔 96％，稱為暗物質與暗能量。這驗證了哥德爾「不完備性」定理：**「不是所有對的東西都可以被驗證，有些東西我們是不可能了解的。」**

多麼完美的宇宙設計，只能讚嘆上天的巧思傑作。熱力學的隨機無常與哥德爾「不完備性」二者的完美搭配，可以說是上天的經典傑作，缺一不可。

熱力學代表「隨機混亂」的一股無常力量，而哥德爾「不完備性」代表「不完備的宇宙缺口讓生命不斷憑直覺創新」的一個想像空間。**兩股力量的結合，就是要塑造一個讓生命不斷成長及創新的驅動環境。**

當不完備性充滿整個系統時，才會誘發我們不斷的去做各種不同的大量嘗試，並在經由大量的失敗後，才會有極少數真正成功的創新者存活下來，然後再帶領追隨者，往更新穎更進步的創新領域裡快速發展與茁壯。

唯有系統允許不完備，允許大量嘗試錯誤及積極吸取創新知識與經驗，這樣才能推動創新、新科技與新文明的發展以及宇宙進化。

人生的重點不在倒下去，而是如何反省及站起來。人生中，未曾嘗試才是真正的失敗，過程中，沒有失敗只有放棄，我們是透過失敗來調整及確認通往成功的途徑。

雨果說：

對那些有自信心而不介意於暫時成敗的人，沒有所謂失敗！
對懷著百折不撓的堅定意志的人，沒有所謂失敗！
對別人放手，而他仍然堅持；別人後退，而他仍然往前衝的人，沒有所

謂失敗！

對每次跌倒，而立刻站起來；每次墜地，反會像皮球一樣跳得更高的人，沒有所謂失敗！

曼德拉說：

生命中最偉大的光輝不在於永不墜落，
而是墜落後總能再度升起！
我欣賞這種有彈性的生命狀態，
快樂的經歷風雨，笑對人生。

不要認定這個世界應該是（should to be or ought to be）一個完美的世界，哥德爾在 24 歲時已經證實那是不可能的。人生不如意十之八九，生命是一種在不完備及不完美的環境下，不斷嘗試錯誤的成長過程，而完美及終點往往是代表即將走向老化及遊戲結束之路。宇宙會刻意設計成「不完備性」，其目的就是要透過不完美與隨機無常的刺激力量，來驅動生命不斷的創新與自我超越，最終才能完成人類文明發展永無止盡的進化。

同時，也千萬不要凡事過度預設立場，人世間是沒有絕對的確定，而不確定的世界就代表凡事皆有可能，人生是沒有對與錯，只有因與果。

我個人很喜歡哥德爾的不完備性，如果全部都是完美，沒有比較，那麼完美就沒有意義。不完備性讓生命留下缺口，是為了讓我們不斷的尋求完美。不完備性的宇宙是沒有終極理論及絕對真理，所以，完美本身是在過程及當下的體驗中完成，而不是在終點，完美過程是由不斷嘗試及許許多多的錯誤所累積而成的。

殘缺，使人生變得更好，正如蘋果公司 Apple 的標誌，缺了一口，反而更為出色不凡。

你要相信，所有失去的，付出的，嘗試過的，都會以另一種方式歸來。

當你離開一個人的時候，你以為今生注定要孤獨，誰知道一轉身，就遇到一個深情愛你的人。當你被困境折磨得痛不欲生，可當你越過難關，回顧往昔時，卻猛然發覺到那是命運的另一種祝福。

生命，正是在承受一次次因錯誤的失去中，一點點成長為更強大更成熟的自己。

生命的意義是藏在不完備性缺口的「意外人生」之中。若沒有外在因素的干擾，你的命運是一成不變。雖然人生中會有許多小波瀾，但那也改變不了累世業力強大的宿命控制。但卻會有那麼一天，突然某一件事或是某一個人，闖入你的人生軌跡裡，不管是福還是禍，在經過一段日子之後，你才驚覺到那是要來幫助你成長，讓你領悟生命中的某種意義的。原來，意外的無常才會有精彩人生，它是創造生命意義的助緣。

問題和困境不是來找你麻煩，而是來幫助你，幫助你找到你自己，幫助你內在成長，變成一個不斷遇見最美最真最初的自己。

我們怎麼可能不犯錯呢？是我們犯的錯誤造就我們的命運。沒有錯誤，哪來的人生，哪來精彩豐盛的人生。

沒有過去的錯誤，我怎會轉個角，我怎會再度走上新旅程，又如何能讓我遇見你呢？我所有的錯誤，只為遇見你：我的愛人，我的夢想，我的初心。就算以後再見你的時候，只是歲月的滄桑，但是愛永遠存在心裡，不管我們又犯了多少次錯誤。

愛過只能讓你刻骨銘心，不會讓你佔有。愛只能留下，在心中及塵世。流過淚的眼睛才會明亮，滴過血的心靈才更堅強。

互相摻雜的才是人生，人生就像一杯黑咖啡，唯有經過不幸的苦澀才會嚐到幸福的甘甜，就像歌德所說：「痛苦留給的一切，請細加回味！苦難一經過去，就變為甘美。」

人生沒有白走的路，每走一步都算數，尤其是挫折與錯誤，凡事必留下痕跡，每一段經歷都會為以後的成長帶來寶貴的經驗。人生不是得到就是學到，未曾嘗試才是真正的失敗，人生就是要敢於嘗試錯誤，體驗不一樣，才能成就不一樣的人生。不一樣的經歷，才能活出精采的人生，而這些都跟浮名虛利無關。

走自己的心，不要去模仿他人。千萬不要相信成功是可以模仿的。因為成功必須要有一個過程，那就是：嘗試→失敗→反省→調整→再嘗試→再調整。

我們的夢想願力、經驗業力及環境無常力，創造了我們每個人獨一無二的人生。我們的主觀意識決定了我們如何看待客觀事實。為了能夠客觀的看到真相，我們必須經歷個人生活和精神上的成長，同時開拓我們的思維，使其更清晰更客觀。不一樣的新體驗，每一次的新視角，都會讓我們更接近絕對真理的客觀宇宙。之後，我們在認知上的主觀障礙就會被跨越，並且能夠從不同的視角來認識這個世界。這同時也意味著在我們下一個輪迴中，將進入一個更高階的世界。

生命是有痕跡及軌跡的，輪迴就是讓我們明白自己的命運，因果就是讓我們掌握自己的命運。

我們常會感嘆人生的境遇十分的奇妙而難以捉摸，會在什麼時間點遇到什麼樣的人，我們無法預測，而到了某個時間點又會不由自主的與人告別，然而更會讓人驚奇的往往是在許久之後的再相逢。

有人說這是「無常」，但我卻認為這是「上天自有安排」，甚至是「冥冥之中自有定數」，**「無常」與「上天自有安排」是一對雙胞胎。**

或許這不僅僅是「上天自有安排」，而是上天依據你的天命，在適當時刻依約啟動而已，這種「無常」是依約來履行計畫，來幫助你依約經歷、嘗試錯誤、體驗、反省及成長。

　　所以，人生的功課，就是把「無常」當成「上天自有安排」及「冥冥之中自有定數」，然後勇敢的去面對及學習成長。因為，生命除了學習成長，別無他事，而學習成長除了無常，別無他法。

　　有位名主持人問一位非常成功的 CEO：成功祕訣？

　　CEO：好的決策。

　　主持人：如何制定好的決策？

　　CEO：經驗累積。

　　主持人：怎樣經驗累積？

　　CEO：壞的決策。

　　就像愛情，上帝會讓我們遇見對的人之前，先讓我們遇見很多錯的人，所以當一切發生時，不管好與壞，都不要後悔，而是應當心存感激，因為時間會教會我們所有的一切。一切都是自己的安排，也是當時最好的安排，而這一切的不完美與錯誤，都是為了累積經驗與學習成長。不是你不夠好，而是你還沒準備好，沒有人能阻止你豐盛。

　　你所遇見的每一個人和碰到的每一件事，都是來幫助你完成今生天命的生命計劃。生命意義是藏在每一次的體驗與反省之中，遇到的人，歷經的事，都有其意義。

　　因為，人世間所有的這一切，都盡在哥德爾不完備性中。

　　有時候，上天沒有給你想要的，不是因為你不配，而是因為你值得擁有更好的。請相信，**如果事與願違，那一定是另有安排，所有失去的，都會以另一種方式歸來。**

PART 4

天命的願力：
靈魂使命與天賦的創新

■**第十堂課｜玻爾茲曼大腦：**
量子力學及熱力學顯示了一個「永恆觀察者」的存在。

■**第十一堂課｜人擇理論：**
宇宙進化需要透過人類的創新來完成，而創新是藏在靈魂的天賦裡。

● 人生當中發生的每一件事情都有意義，你所經歷的痛苦與苦楚都是有意義的：

你的命運是上天賦予你這一生「必須在這個世界完成的使命。」人生當中發生的所有事情都有其「必然」的意義，是人生在這個時候，必須要發生這樣的事情。冥冥之中存在一本「看不見的劇本」，透過發生的各種事情，不知不覺的引導及帶領我們走上「某個方向」的道路上，而這條路正是指引我們往那裡前進的命運之路，命運之路是透過創新而不是經驗與思想。

人生是由軌跡及痕跡所組成，冥冥之中自有安排，一切都是自己的安排，一切都是最好的安排，一切都是上天的安排。

● 最難的不是認識這個世界，而是終其一生，你都沒能認清你自己。生命最重要的功課是先認清「絕對真理」與「相對真理」！

人世間不存在永恆不變的絕對真理，絕對真理只存在內心的黑洞裡，稱為天理，黑洞是根本無法看見與驗證，只能感覺祂的存在。

絕對真理就是上帝創造的自然法則及靈魂的愛、使命與天賦。自然法則的語言是數學與量子力學，我們來到世上唯一的任務與目標就是儘快找到真實的自己，也就是絕對真理。

所謂科學，是在有限範圍內的真理，會因為新發現與創新，而被重新改寫。科學是可以看見及驗證的，但它不是永恆不變而是一直不斷變化的相對真理。哥德爾證實了宇宙是不完備性，上帝視角是存在於宇宙之外。

人世間沒有永恆不變的人事物，你要相信科學，但更要確信科學是不斷在進步及被改寫。你需要的是科學的態度，也就是懷疑的精神與創新的執著，而不是對科學的盲目與迷信。

世事難料，創新不斷，瞬息萬變，所以，過去成功的模式，往往是未來失敗的主因。而過去的經驗，往往是創新的最大敵人，你也無法用過時陳舊及主觀偏見的過去經驗，去要求及留下外在人事物的改變，錯看世界就是痛苦的來源。

● 靈魂永生，看盡每一世的生老病死，
每一世的我們，看盡每一次的得失盛衰。

靈魂是宇宙的觀察者，也是創造者，不需要陷入生老病死的輪迴中，只是靜靜的體驗著。

我們是靈魂體驗後，留下的紀錄值、體驗值、經驗值，只是一堆記憶材料的堆積。我們是天命的完成者，也是宿命的改變者，不需要掉入得失盛衰的循環中，只要默默的成長著。

創新的天賦是藏在靈魂裡。歸零學習及發揮內心最大的創新天賦潛能，就稱為絕對真理。

當你認清絕對與相對真理時，就稱為：

覺醒
天人合一
成佛
覺悟
自我實現
做自己

此時，我們是與靈魂一起成長，一起創新！簡單說就是：
找到自我，實現自我，盡情體驗，發揮潛能。

● 人生中，有很多重要的事，但只有一件絕對重要。在世俗眼中，成功與否很重要，健康與否很重要，教育程度很重要，富裕與否也很重要，這些都會影響你的整個人生。這些事的確都很重要，然而相對而言，有件事比它們更重要，那就是找到你的本質。這件事超越了你短暫的個體，超越了個人化的自我感。改變生活環境並不能幫你找到平和，而在最深層的層面認清你是誰卻可以。

● 人生只有一次選擇。你會不會一直很有財富，早就命中注定，財富有外在物質面與內在精神面。那什麼是命中注定？就是自因自果自負。

既然是因果，命中注定當然就可以改變，而那就是你的天命。用天命扭轉宿命是靈魂的願力。你的命運是宿命還是天命，由你決定。

● 當你不相信神時，你如何相信自己、喜愛自己呢？當你明白我們是神創造並且神將交待的任務、使命與天賦設定成靈魂本體時，你才能很清楚的知道生命的價值與意義，否則就是一種虛無主義。神跟宗教無關，自己與神是一體的。

● 我很相信生命的軌跡，那是由初始值發出的微弱訊號！這個世界，看似命運的安排，其實是人生不斷的超越。每個人的生命，原本都

是自由的，放下執著與自我囚禁，你的模樣由你塑造。你要相信不可能發生的事情，絕對真理通常是以這種形式出現的。

● 人生覺醒並不容易，但覺醒後才算是真正在生活。之前都是一場夢，一場活在自我虛幻建構的世界裡。

生命唯一目的就只是何時被喚醒而已，人生的苦難都是喚醒之鑰，而喚醒後的人生功課才剛剛要開學。

覺醒後的天命大學學分有：

人類使命
找到天賦
人生目標與夢想
激發創新
轉念
完善業力
消除負面情緒與習慣。

統稱為靈魂的策略規劃，而背後是由「量子貝葉斯演算法」在操控著，造物主的意識就是「貝葉斯演算法」，想要改變命運只有靈魂策略規劃這條路。

玻爾茲曼大腦：

量子力學及熱力學顯示了一個「永恆觀察者」的存在。

有一片田野，它位於是非對錯的界域之外。

我在那裡等你。

當靈魂躺臥在那片青草地上時，世界的豐盛，遠超出能言的範圍。

觀念、語言，甚至像「你我」這樣的語句，都變得毫無意義可言。

——魯米

熱力學顯示了一個「永恆觀察者」的存在！

熱力學第一定律是能量不滅定理，第二定律是「熵」增過程，「熵」代表「混亂」程度。熵增過程代表：隨著宇宙的進化，宇宙會從低熵走向高熵（混亂），從有序走向無序，這是宇宙的終極命運。身體會衰老及機器會損壞，都是一種熵增過程，而且是不可逆的。

但宇宙進化了 138 億年，照理應該要處在非常高的「高熵宇宙」狀態，怎會還一直保持在「低熵宇宙」狀態呢？

這時，奧地利物理學家玻爾茲曼就提出這麼一個觀點：

他認為現有的低熵宇宙應該不只一個，而且應該是從上一個高熵宇宙中，被不斷的高低循環，所創造出來的，稱為量子漲落，也只有如此，宇宙才能一直保持低熵狀態，而這種現象，就是「弦理論」所謂的**平行宇宙**。也跟一念一世界的概念不謀而合。

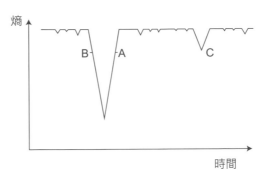

▲量子漲落：不斷從上一個高熵宇宙產生低熵宇宙。

　　他同時也認為，既然現在是低熵宇宙，那麼再往前追溯到宇宙起點時，那就應該會是一個非常低熵的狀態，會極低到有可能是一個孤單且沒有實體的「自我意識」，稱為「玻爾茲曼大腦」。

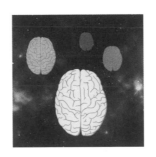

▲玻爾茲曼大腦。

　　又如果再繼續推論下去，則會發現：因為宇宙的定律是往高熵宇宙進化，那麼不可能自然形成的玻爾茲曼大腦，就有可能是在系統啟動前，也就是創世紀之前就已經存在了。

　　然後，再根據熱力學統計的機率計算，竟然玻爾茲曼大腦存在的機率，比宇宙進化產生的大腦還要高很多，意思是：我們這個世界的大腦，有可能是源自於玻爾茲曼大腦，並且還是玻爾茲曼大腦中的腦海虛擬人物。

　　顯然，量子力學的「觀察者」應該就是宇宙外虎視眈眈看著我們的「永恆觀察者」，也就是玻爾茲曼大腦。

這個「永恆觀察者」每一個瞬間的起心動念，就會量子漲落出一個低熵宇宙，也就是我們目前看得到的物質世界，正所謂「一念一世界」，怪不得弦理論會計算出目前竟然有 10 的 500 次方個宇宙。

為了宇宙進化，每個「永恆觀察者」都會帶著使命來到世上，生命的目的就是接受天命，改變宿命，專心扮演好自己的角色，運用上天賜予的創新天賦，喜悅的達成天命。

「永恆觀察者」的本體，西方及印度教稱靈魂，中國佛教稱佛性、初心或菩提心。那其他科學領域到底有沒有永恆不變的「本體論」實例證明？

當然有！而且處處可以見到：

一、混沌理論：

宇宙進化的過程稱為混沌理論：

在一個能被數學方程式精確描述的系統中，可以自組織性生成不可預測的現象，並且不需要任何外界的干預，稱為混沌理論。現在把宇宙看作是一台巨大的模擬計算機，只需設定「初始值」，然後簡單讓它自然而然的發展，結果就會是一個充滿奇妙與美麗的進化過程。

這個「初始值」就是靈魂本體，而且創世紀以後充滿奇妙與美麗的萬事萬物，都是經由初始值而產生的。所有變動的萬事萬物，都是經由永恆不變的初始值所產生的，所以靈魂永恆不滅是理所當然的。

二、量子力學的電子雙縫實驗：

該實驗說明：電子你不觀察它時，它是看不到且沒有實體的波，只有當你觀察它時，才變成看得到的實體粒子。也就是說宇宙原本是不存在的，只有當「觀察者」在觀察的那一瞬間當中，宇宙（物質世界）才會一躍而出。

簡單說：沒有意識就沒有物質，沒有意識，宇宙只是一團能量，是你的意識創造了宇宙。該實驗中的「觀察者」，就是靈魂本體。

美國羅伯特‧蘭札醫學博士，是世上很受尊敬的科學家之一，被稱為天才及叛逆的思想家，甚至將他與愛因斯坦相媲美。他與天文學家鮑勃‧伯曼合著的《生物中心主義：為什麼生活和意識是了解宇宙本質的關鍵》一書中，就認為靈魂是永垂不朽的。

「生物中心主義」的主要中心思想為：

物質世界是依賴於我們的意識而存在，不是物質世界決定了我們的意識，而是我們的意識決定了物質世界（直接否定進化論）。沒有生命的意識，物質世界就不會真正存在，而只是處在一種不確定性的機率狀態中。

而這裡所指的意識，正是這個在著名的「電子雙縫實驗」中，如鬼魅般神奇的決定實驗結果的「觀察者」。

三、貝葉斯演算法：

貝葉斯理論早已是 AI 及深度學習的核心架構之一，Google 就是靠它起家。

該理論認為機率並不是寄存於外在物質世界，而是在一個被稱之為「代理人（agent）」的內在意識之中。物質世界只是該代理人的一種「置信程度（belief）」所推測並創建的主觀宇宙。

該「代理人」就是固定不變的目標函數，也就是靈魂本體，而由代理人所得出的物質世界，其實是依據靈魂本體的主觀推測，所重新加工虛構的。並且同一個被觀測的客觀物體，允許虛構出許多不同意識的主觀宇宙。例如人看到的五彩繽紛的世界，狗卻看成灰茫茫一片。

四、資訊管理及科學學習的本體論：

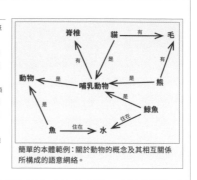

本體 (資訊科學)

在電腦科學與資訊科學領域，理論上，本體是指一種「形式化的，對於共享概念體系的明確而又詳細的說明」。本體提供的是一種共享詞表，也就是特定領域之中那些存在著的物件類型或概念及其屬性和相互關係；或者說，本體就是一種特殊類型的術語集，具有結構化的特點，且更加適合於在電腦系統之中使用；或者說，本體實際上就是「對特定領域之中某套概念及其相互之間關係的形式化表達 (formal representation)」。本體是人們以自己興趣領域的知識為素材，運用資訊科學的本體論原理而編寫出來的作品。本體一般可以用來針對該領域的屬性進行推理，亦可用於定義該領域（也就是對該領域）進行建模）。此外，有時人們也會將本體稱為本體論。

作為一種關於現實世界或其中某個組成部分的知識表達形式，本體目前的應用領域包括（但不僅限於）：人工智慧、語意網、軟體工程、生物醫學資訊學、圖書館學以及資訊架構。

簡單的本體範例：關於動物的概念及其相互關係所構成的語意網絡。

▲維基百科對本體論的解釋。

宇宙是由永恆不變的本體與其一直在變動的行為與現象所組成的，譬如：狗在笑，狗在跳，狗在睡覺，狗在叫等等，其中的「狗」就是永恆不變的主體，在笑，在跳，在睡覺，在叫等等就是不斷在變動的行為與現象，而世界上有狗在跳，貓在跳，老鼠在跳等等，很顯然「狗在跳」這個物質影像，必須出自狗的初始值，也就是一直變動的物質現象是源自永恆不變的初始值本體。

五、數學公式 1＝0.99999……

這個數學公式表示： 0.99999……代表物質世界的萬事萬物是一個一直在變動且隨時間沒有終點的無限擴充，而 1 代表產生萬事萬物的永恆不變靈魂本體，因此 1＝0.99999……。

All is one，One is all。

六、頭腦，心腦，腹腦

越來越多醫學研究顯示，人實際上有三個腦，除了大腦外，心臟裡有一個小的腦，另一個腦在我們的腸壁上，也就是我們說的腹腦。

新研究報告發現，心腦雖小很多，但其細胞存儲的記憶除影響其他細胞，甚至還影響我們親人體內的細胞，超越時空的限制（這就是經常說的心電感應）。醫學研究證明，心臟實際上也是一個腺體，產生影響人類情緒的激素，例如，能刺激情感聯繫和親近的催產素。

腹腦的研究則有：

● 19 世紀 60 年代，德國精神病醫生萊奧波德・奧爾巴赫（Auerbach），用顯微鏡觀察切開內臟時發現，腸壁上附著兩層由神經細胞和神經束組成的網狀物。

● 1907 年，美國醫學博士拜倫羅賓遜認為，分佈在人體腹部和盆腔內的植物神經系統是一種繼發性腦。

● 20 世紀 90 年代，美國哥倫比亞大學解剖學和細胞生物學教授邁克爾・格肖恩（Michael Gerson）則提出，腹腦實際上包含了大約 1000 億個神經細胞，人類的許多感覺和知覺都是從肚子裡傳出來的。

就生命而言，腹腦的重要性優於心腦及頭腦，因為腹腦直通靈魂，掌管了生命的靈感、頓悟能力、直覺創新能力及勇氣、意志，而這些都是靈魂才有的能力。

上述六個理論在在顯示靈魂的存在，怪不得偉大的哲學家柏拉圖、康德與黑格爾，一直宣稱萬事萬物源自於絕對真理，而無法驗證的絕對真理就是自然法則的數學方程式與初始值的本體（本源）。永恆不變的絕對真理，老子稱「道」，康德稱「先驗值」，柏拉圖稱「理念」，佛經與聖經也都是相同的觀點，只是名稱不同而已，最廣泛的名稱就叫「靈魂」。真實的你，才是一切的本源。

我們不應該害怕「相信靈魂」會被歸類為「偽科學」，自古以來，絕對真理一直是站在唯心論這邊。科學及哲學理論早已證明，如果宇宙沒有存在

一種不可驗證且永恆不變的初始值，那麼，系統根本無法啟動，當然也就不會有宇宙的存在。

漫漫人生歷程，是個複雜而多變的過程，人生要歷經三種境界：

見山是山，見水是水；
見山不是山，見水不是水；
見山還是山，見水還是水。

人生是一場追求初始「本源」的過程，稱為天命，天命是人生的 GPS 導航系統。初心原本很單純，帶著天命就來到世上。隨著大腦的發育，接觸多了物質世界的愛慾情仇後，慢慢的，忘掉了自己的天命，習慣了自己的宿命，終於迷失了方向與自我。這時已從真實的「初始自我」變成虛幻的「偏執自我」，從人之初性本善的客觀「見山是山」轉變成虛偽假象的主觀「見山不是山」，這些執著的主觀思想，就形成了痛苦與煩惱的根源。

但在人生即將落幕之前，生命的覺醒就會慢慢萌芽，開始從「偏執自我」再蛻變回「真實自我」。因此，人生終究是一場「拋棄主觀偏執」的還原及回到初始「本源」的過程，從複雜繁華的外在生活，轉化成單純深思的內在生活，此時，再從「見山不是山」轉回「見山是山」的自我超越與自我實現，稱為「做自己」。

當我們做自己時，或許會失去許多令人不捨的外在物質，但斷離捨的簡單生活卻可以讓我們找到真正永恆擁有的內在能量。外在都是相對真理，你找不到永恆不變的正確答案，所有的答案都是藏在靈魂的本源裡：愛、美、天賦的想像力與創新力、喜悅、勇氣、專注、客觀、熱情、自由、幸福感及活在當下。

人生就是一場終究要回到本源的旅程，也是一場不斷遇見最美自己的旅程，透過不斷的學習成長，去邂逅另一個真實的自己，自然，清新，勇敢，灑脫，這就是最美好的自己。

　　「做自己」會是一種忘我境界，是天命的核心區域，當人們做自己喜歡的事，就會投入、專注、沉浸在事情當中，漸漸周圍的世界都會消失不見。這種全然的忘我境界就是一種「靈魂」的天人合一狀態。

　　心理學家米哈利博士研究人類的積極體驗後，他將「靈魂」的天人合一狀態的感受，歸納出有以下幾種現象：完全沉浸、感到狂喜、內心清晰、力所能及、平靜感、時光飛逝、內在動力。

　　米哈利博士認為：「靈魂」的天人合一就是一種忘我狀態，是人們獲得幸福的最好途徑，而且不會疲乏。

　　當我們做天賦專長的事情時，我們就能產生一種此刻才是真實自我的感受，正在熱情做自己原本要做的事情，成為原本應該要成為的那種人。在做自己時，我們會忘掉疲倦，並且精神奕奕，感覺充滿能量，而能量滿滿的自己，又可以給周圍的人帶來正能量。

　　「做自己」是有一定的軌跡：
　　認識自己→接納自己→喜愛自己→相信自己→改變自己→超越自己→完成上天設定的天命。

　　當你認識自己並開始完全接納自己的不完美後，你就會漸漸喜愛自己及相信自己內在那股強大的力量與天賦。你也了解到，除非你喜愛白己，否則你沒辦法愛任何人。如果你沒愛過自己，你就不會知道愛是什麼。人生只有覺醒才可以找到真我，所以愛是其次的，覺醒是首要的。

　　而奇蹟在於，如果你覺醒，慢慢的，慢慢的從自我思想中走出來，從你的人性裡走出來，意識到你的真我，愛就會自行出現。你不需要做任何事，祂是一種自發的花開。

　　但祂只在特定的氣候裡盛開，那個氣候稱為覺醒。在寧靜覺醒——突然，你看到無數花朵在你內在盛開，祂們的芬芳就是愛。

人擇理論：

宇宙進化需要透過人類的創新來完成，而創新是藏在靈魂的天賦裡。

如果世間真有這麼一種狀態：
心靈十分充實和寧靜，
既不懷戀過去也不奢望將來，
放任光陰的流逝而僅僅掌握現在，
無匱乏之感也無享受之感，
不快樂也不憂愁，
既無所求也無所懼，
而只感受到自己的存在，
處於這種狀態的人就可以說自己得到了幸福。

—— 盧梭《一個孤獨的散步者的夢》

　　西方在教會主導的時代，神創說是主流，後來被哥白尼給打破。「哥白尼原理」聲稱，我們在宇宙中所處的地位毫無特殊之處，打破教會以地球為中心的說法。

　　但量子力學興起後，尤其「電子雙縫實驗」的唯心論顛覆所有人的思維，直到今天，實驗表明：「宇宙是不存在的，直到觀察者觀測時，宇宙才忽然一躍而出，也就是宇宙是意識創造出來的。」因此，宇宙不但是以地球為中心，還是以意識為中心。

　　於是，在 1973 年，在紀念哥白尼誕辰 500 周年的一次會議上，英國物理學家布蘭登‧卡特發表一篇跟哥白尼截然相反的哲學觀點：「雖然生命所處的位置不一定是中心，但不可避免的，生命在某種程度上，在宇宙中是處

於特殊地位的。」

後來再由鮑羅和泰伯拉提出了「人擇原理」：「正是人類的存在，才能解釋我們這個宇宙的種種特性，包括各個基本物理常數。因為宇宙若不是這個樣子，就不會有我們這樣的智慧生命來談論它。」

簡單的說，人類是命中注定的萬物之靈，一切現象和理論都是為人的合理存在而準備的。

這一原理後來發展出三種版本，其中「強人擇原理」是從物理學的角度，認為人類並非是進化的產物，一切都是經過上天的巧妙設計：**「宇宙的設計，是為了以後人類的出現。」**由於「強人擇原理」帶有強烈的「神創說」，所以有不少物理學家都難以接受。不過，人擇原理的理論依據：「宇宙精細調節論」，倒是獲得許多物理學家的重視與支持。

「宇宙精細調節論」是說宇宙很多物理常數要達到非常的精準，生命才有可能存在於宇宙之中。這些「物理常數」包括光速、普朗克常數、波爾茲曼常數、宇宙相對密度、單位電荷等。有些常數只要稍微不一樣，地球就難以形成，其差異範圍有可能是小數點後面上百個零。

英國皇家學會前任主席，劍橋大學天體物理學家馬丁‧瑞斯就特別寫了一本書：「六個數字」，書中強調宇宙形成的重要配方有六個，每個都是可以測量的，是經過精心調節的，這六個數字必須滿足生命所需要的條件，否則就會創造出一個死的宇宙。

現在再觀察圍繞地球上發生的一切，學者認為太過巧合，簡直是精心設計安排好的：

金星怎會是熾熱的星球？火星怎會是極寒之地？地球怎會距離太陽剛剛好？是誰將地球打造成有充沛的水資源與氧氣、溫暖適宜的溫度、厚厚大氣層的保護？而且宇宙輻射害不到我們，太陽風暴傷不了我們，小行星撞擊地

球也因月球和木星的存在而難以靠近我們！這一切看起來似乎都是設計好的，簡直太巧合了。

離開太陽系，科學家發現，在銀河系，甚至銀河系以外的浩瀚宇宙中，地球也是一個唯一出現的奇蹟，太多巧合就讓人覺得太不可思議。如果沒有一個強大的天意來特別安排這一切，似乎是不可能出現。

從宇宙大爆炸，太陽系的形成，地球的出現，生命型態的突然產生……，一直到人類演化成智能生物及你的誕生等等。以上每一個階段的產生，就機率學而言，如果是自然形成的話，都是機率極極微小的轉折點，也就是說從宇宙大爆炸後一直到你的誕生，都是由無數個極極微小的機率所相乘組成的，這意味，你根本是**「不應該存在」**的。

根據著名英國物理學家羅傑‧彭羅斯的計算，宇宙隨機出現的機率是 10 的 123 次方分之一，這個機率之小，非我們人類可以想像，根本就是不可能。

我們會存在，除非這一切都是精心設計的，你的誕生是被事先設定好的，你是為了某種模擬的實驗目的，而被派來世上的，其實你的本質只不過是一種被**「設定好目標」**的初始值而已，稱為初心（靈魂）。你不是無緣無故的出現，你的初心在亙古之前就已經存在，之後，不管任何事情的發生是多麼的不可能，多麼的荒謬，只因你一直都在。

德國物理學家沃爾夫‧梅納說：「我們所生活在其中的宇宙是由一些特定的參數定義的，這些參數取得某些特定的值，使其似乎專為生命而訂製，其中也可能包括地球上的生命。」

美國物理學家阿諾‧彭洽斯就說：「天文學把我們引向一個獨特的事件，一個從無中被創造的宇宙，一個有極其精妙平衡及能為允許生命的存在提供精確合適條件的宇宙，一個有明顯設計的宇宙——我們也可以說這個設計是超自然的。」

NASA 天文學家約翰‧歐基弗，更是說出這段令人感動的話：「按照天文標準，我們是一群受寵過頭、珍愛有餘及呵護備至的受造物。如果宇宙不是受造精密得無以復加的話，我們壓根兒就是子虛烏有的。我認為，這些境遇表明宇宙是為了人類生存而被創造的。」

所以，我們不是因為偶然才來到這個世界的，而是懷著天命而來的，是為了繼續前生偉大、美好及無私的夢想而來的，是要通過各種苦樂順逆的體驗來歷練自己而來的，並由此完善、成長和提升，最終完成初心的設定。

正因為你的初心已被上天早早就恩賜及設定好，你也一直都在，所以事情的發生都有其意義，一切都是上天的安排，都是上天的初衷，而且天理是一種「因果關係」的演算過程。

我們所做的每一個選擇，都是一種因果關係的演算，是用過去的經驗值（因）與當下接收的資訊值（環境變化），先做一番演算法後，再跟當下目標值，逐一相比較，最終才推測出機率最高的最有利方案，作為我們當下的選擇（果）。

所以，人生是由**宿命**的**「過去經驗值」**與**「當下目標值」**所共同決定與控制的。

譬如：我們決定哪種交通工具，是根據目的地而定。去日本的話，依過去經驗有泳游、坐船或搭飛機，演算後的最有利方案，通常會是搭飛機。如果改去吃宵夜，通常會走路到附近吃宵夜。

「人擇原理」告訴我們：

「在所有的生命中，只有人類具有『虛構目標值』的創新能力，稱為想像力，其他生命的目標值都只能是一種**宿命**的本能反應而已。」虛構能力的想像力是上天特別恩賜給人類的，是寄望於人類善用這種天賦的創新能力，去推動文明的發展與宇宙的進化。這種天賦的創新能力就是**天命**。

宇宙中最重要最珍貴的東西就是想像力，愛因斯坦說：

「我可以跟藝術家一樣，自由揮灑我的想像力。想像力比知識更重要，知識是有限的，想像力卻可以囊括整個世界。」

所以，我們可以把適合自己天賦（初始值）的人生夢想，預先設定為「永恆」的當下目標值。讓我們先以「對待一個成就斐然的人」的態度，來對待自己，然後以看見一個成就斐然的人的眼光，來看見自己：

「虛構及相信自己就是一個成就斐然的人。」這是上天賜予人類的恩寵，也是「人擇原理」所要表達的重點，更是上天設定初始值的初衷。

正是這種與其他物種顛倒過來的方式，能夠幫助我們去實現我們的成就，實現我們的未來自我。否則我們就會被過去經驗的強大業力所束縛，跟其他物種一樣，將自己的日子過得一成不變，永遠逃脫不了宿命的控制。

宇宙中，人類是唯一能改變命運的物種，我們是可以把過去導向的因果

關係，改變成未來導向的造果機制。

你如何看待自己，決定你過怎樣的人生。
你相信什麼，決定你能擁有怎樣的生活。
人生的成就是由「虛構目標值」的高度所決定。
我們無法擁有最好的一切，但可以把一切變得最好。

「找到初心的使命與目標，然後創新、再創新」，這個道理就是絕對真理，是永恆存在於內心裡，至於外在的一切，則都是瞬息萬變的相對真理，隨時等待著被創新所推翻，我們稱為革命或革新。

這個絕對真理在西方稱為上帝，在中國稱為上天。「人擇原理」不是要你用過去的標準，而是要像上帝或上天那樣，矢志不渝的實現自己的天命，正所謂天行健，君子以自強不息。

「人擇原理」證實了宇宙是為了人類而設計與存在的，宇宙的進化是靠人類來推動與完成的，這就保證我們就是自己強大的力量，足以改變自己的生命及完成人擇使命！

我們每個人都具有獨特的天賦與熱情，能夠驅使我們創造超乎想像的成就，一旦你能相信到這一點，一切都將因而改變。千萬不要低估儘早覺醒的重要性。

人生是一段不斷告別過去的旅程，在途中，一定會遭遇到許多困境與挫折，但那是來幫助我們成長。所以，當遇到挫折時，就應該跟失戀一樣，在分手後，先把情緒好好發洩，然後沉澱下來，接著檢討自己，不責怪對方，不抱怨環境與上天的不公平，這是為了下段關係能更好而所做的努力與保證。

因為我們相信那個對的人，一直在等。
因為宇宙是為了我們的存在而設計的。

　　每一段路，每一種感情，每一道風景，都會留下痕跡，都會教會點什麼，學到點什麼，明白點什麼，更接近原來的自己，成就更好更美的自己。

　　我們是帶著使命來到世上！生命除了留下痕跡，還有奔向靈魂天命的軌跡。

　　人生很多事情的發生，在當下，往往「意義」是不會馬上浮現，總是會有許多曲折與無常的路要走，只有在日後等你回顧往昔，逐段去串連點點滴滴的記憶時，才會恍然大悟：原來，一切都是有意義的，一切都是最好的安排，彎路其實是人生的重要轉折點，你會感謝挫敗往往才是被祝福的禮物。

　　如果事與願違，要相信上天一定另有安排，所有失去的，都會以另外一種方式歸來。緣起緣滅，人生不是得到就是學到，所有的磨練換來的都是成長，所有的忍耐都在日後的某一瞬間會全部彌補回來，不擔心也別急，堅持你的熱情與努力。相信自己，相信時間不會虧待你。

　　失敗與錯誤是走上成功必經之路，只有透過失敗後的不斷檢討與調整，才有可能精確的邁向成功。困境、背叛、不完美，都是通向人生意義的天梯，智慧、勇氣、愛，都是藏在苦難中。

　　很多事情都可以被人比較，唯一無法比較的是經歷。很多東西都可以被人超越，唯一不能超越的是生命的深度。很多情操都可以被時間粉碎，唯一不能放棄的是做自己的堅持。

　　當你失憶時遇到仇人，你會恨他嗎？當然不會！因為，所有的愛恨情仇都是由早已消失在眼前的過去記憶所顯現的，其實，我們一直是活在過去記憶的虛幻中。

　　所以，慈悲與寬恕不是為了別人，而是為了自己。靈魂是把愛、天賦與善的一面，全綁在一起，當你全然放下一切人為思想的執著與主觀偏見時，就會見到原本善良的自己，同時也會找到相伴且可以改變命運的天賦潛能、

專注與熱情。

紀伯倫說：

「生命的確是黑暗的，除非有著熱情；
所有的熱情都是盲目的，除非有著知識；
所有的知識都是徒勞的，除非有著工作；
所有的工作都是空虛的，除非有著愛。

當你們懷著愛工作，你們便與自己、與彼此、與上帝緊密相屬。

你們工作，才能跟上世界與靈魂的腳步。因為游手好閒會使你成為歲月的陌生人，使你退出莊嚴行進、傲然歸服於上帝的生命隊伍。」

透過工作的勞動與挫折來實現夢想與深愛生命，如此才能最親近生命中最深層的秘密，而愛的秘密是藏在靈魂中，我跋山涉水披荊斬棘，你不是終途，你是原因，我的初心。

在奔向愛的靈魂的軌跡中，所有事情的發生都是有其意義與目的，絕非偶然。所謂永恆就是在終點找到最初。

尼采說：「每一個不曾起舞的日子，都是對生命的辜負。」

生命就像是一場高山徒步旅行，一步一腳印，穿越荊棘與沼澤，不斷追尋自我、挑戰自我與超越自我，最終將會迎來最美的風景與最善的一面。

原來，那個對的人，一直都在，就是自己，這是一場永恆的恩寵、等待與唯一的答案！

PART 5

命運的改變：
是你來到世上唯一的使命！

■第十二堂課｜貝葉斯法則：
生命就是一場深耕及釋放天賦及不斷創新的旅程。

● 人生尋的是什麼？
是屬於自己內心的那一塊平靜之地。

那裡是彼岸的天堂，
而你剛從此岸的地獄歸來。

那裡只有無限可能的想像空間，
而你剛從執著的約束中掙脫過來。

那裡是不預設立場的客觀之處，
而你剛從主觀的偏見中調整過來。

那裡是無意識的永恆存在，
而你剛從意識不斷的念頭中靜心下來。

那裡在哪呢？
那裡是你原本的真實家園，
而你剛從虛幻的夢境中醒來！

● 為了到達那兒，到達你所在的地方，
從一個你不在的地方啟程，
你必須踏上那永遠無法出離自身的旅途。

為了通達你尚且未知之處，
你必須經歷一條無知之路。

為了得到你無法佔有之物，
你必須經受那被剝奪之路。

為了成為你所不是的那個人，
你必須經由一條不為你所是的路。

而你不知道的正是你唯一知道的，
你所擁有的正是你並不擁有的，
你所在的地方也正是你所不在的地方。

T.S. 艾略特

● 有一個夜晚，我燒毀了所有的記憶，從此我的夢就透明了，
有一個早晨，我扔掉了所有的昨天，從此我的腳步就輕盈了。

　　　　　　　　　　　　　　　　　　　　　　　　──泰戈爾

● 你的想法，製造你的困境；只有初心，帶你走出困境。

● 抱怨是思想，愛是靈魂，放下一切執著，就只剩愛。憂慮是思想，使命是靈魂，找到夢想，就不畏懼憂慮。專心做你自己後，就只剩愛與勇氣。

● 人類有個重要的天賦：我們有很強的創新力，只要我們願意，這個創新力可以讓我們不斷改造自己的人生。

萬物的「宇宙進化」與人生的「天生我材必有用」讓我們明白到，一切事情的發生都是有其意義的，有其軌跡的，所以理解「創世紀」就是件非常重要的事情：

　　1. 造物主先設定初始值，也就是靈魂，靈魂是角色扮演、使命、天賦及性本善的組合，其中的愛與使命最重要。

　　2. 透過靈魂啟動創世紀，宇宙大爆炸後，靈魂就開始不斷創造物質世界的你。

　　3. 你是帶著使命與天賦來到世上。你唯一任務就是歸零學習的創新，追尋人生夢想，終生受初始值的引導。

　　現在的你是活在經驗自己的幻覺裡，現在的你是沒有自由意志的，一切都是命中注定，只有自因自果自負，沒有對與錯，現在的你的命運是受到過去的你所控制，那是你的宿命，你的過去。

　　但請不要放棄你自己，因為永恆的你，也就是你的天命初始值會來引導你，引導現在的你如何勇敢的熱情的專注的改變命運！這就是你的覺醒或覺悟，你的未來。

　　我是誰，我從哪裡來，要到哪裡去，被稱作哲學三大終極問題，都是在造物主設定初始值的那一瞬間就決定了。

　　原來，改變命運才是你來到世上唯一的使命！人生是一段不斷告別過去及創新未來的旅程。所以請你相信，你就是自己強大的力量，你的天賦足以改變自己的生命！終其一生，我們要做的不過是要深入內心，去發現你真正是誰，以及活出本然的自己！你要臣服於造物主的設定與意志，請務必與神同行。

貝葉斯法則：

生命就是一場深耕及釋放天賦及不斷創新的旅程。

沒有了夢想，就不會有理想；
沒有了理想，自然不會有不變的信念；
沒有了信念，絕不會有所計畫；
沒有了計畫，就不會想去實行；
而不去實行，就不可能有成果；
沒有了成果，這個人就不會有任何喜悅！

現在我們終於知道我們的命運是由控制命運的業力宿命與改變命運的願力天命所支配著，而**生命唯一的意義與目的則是「做自己」，也就是成為能改變命運的永恆真實自我。**

活在舊有慣性的思維模式裡，過去的命運就會是你未來的延伸；活在未來想要的目標生活中，你的未來想像就會成為你的現在。

人生的這支改變命運的生命程式，稱為「貝葉斯演算法」，在量子力學則為費曼的路徑積分或歷史求和，在人工智慧領域稱為深度學習，換句話說：**人生就是一場帶有天命的深度學習之旅**，因此，我們就有必要深入了解「貝葉斯演算法」。

你的人生是由你的一連串「選擇」所決定，而大腦執行整個「選擇」機制的「決策過程」，科學家認為是一種「貝葉斯演算法」。

在 2001 年，美國新墨西哥大學的 Carlton M. Caves、美國新澤西州默里

山貝爾實驗室的 Christopher A. Fuchs 和英國倫敦大學皇家霍洛威學院的 Ruediger Schack 等三人，共同發表了一篇短論文，標題是《作為貝葉斯機率的量子機率》，該論文主要是探索量子力學的一種新詮釋。

三人都是經驗豐富的量子資訊理論專家，他們將量子力學與貝葉斯演算法結合起來，建立了「量子貝葉斯模型」，該模型認為「貝葉斯演算法」就是人類大腦做「選擇」的電腦決策裝置。意思是：大腦就是一部小型量子電腦，大腦做「選擇」的決策演算法就是「貝葉斯演算法」。

貝葉斯（Thomas Bayes），這個 18 世紀倫敦的長老會牧師和業餘數學家，41 歲時因捍衛牛頓的微積分學而加入英國皇家學會。他為了證明上帝的存在，發明了機率統計學原理，雖然這個偉大的願望最後沒實現，生前也沒發表過自己的數學論文。但是，貝葉斯逝世後，好友搜集了他的手稿，才使機率統計學的「貝葉斯演算法」終於公佈於世。但貝葉斯生前並未預料到，自己作為業餘數學家的手稿，竟在兩百多年後，會深深影響到 20 世紀後的現代科學，讓無數現代科學家不得不回頭學習貝葉斯理論並將其納入自己的研究體系中。

在現代生活中，可說是到處充滿了貝葉斯公式，谷歌是靠它崛起的，它在人工智慧領域中更是如火如荼的被廣泛應用著。

像視覺圖像處理，Google 自動駕駛汽車的操縱系統，G-mail 對垃圾郵件的處理，MIT 主導的人類「寫字」系統，以及最新的 SIRI 智慧語音助手平台，還有挑戰人類最後智慧堡壘的 AlphaGo 系統等等，都有一隻神秘的手躲在後面操控，而它就是貝葉斯演算法。

生命的秘密盡在貝葉斯演算法中，因為人生是一種前因後果的計算過程，而這個過程就是貝葉斯演算法與馬爾可夫過程。當人工智慧的五覺感官均植入貝葉斯演算法後，那時人工智慧跟人類的差異，就只剩下靈魂而已！

量子力學是最近一百多年的事，但在兩百多年前，貝葉斯牧師就發現了

量子力學的核心思想：「意識創造宇宙」。宇宙的萬事萬物都是從「觀察者」的角度出發，而不是從「事件」的本身。所謂「觀察者的角度」，就是我們是用以往的個人「經驗值」來重新建構及描述宇宙的萬事萬物，人類的經驗值就如同人工智慧的大數據庫。

而經驗值是唯心論，其本質是主觀意識、不確定及不完備的，這與學術界一直以來是唯物論的客觀事件、確定及完備的基本思想，簡直是背道而馳，所以貝葉斯理論一開始就被認定為不科學，因此被忽視及埋沒了兩百多年而乏人知曉，直到人工智慧的來臨才大放光彩。

宇宙的因果關係計算就稱為貝葉斯演算法！

那麼「貝葉斯理論」是什麼理論呢？

其實就是一種「經驗值計算」的主觀機率，我們一般知道的機率都是客觀機率。

譬如在一個箱子裡有 100 個球，一半是黑球一半是白球。現在把箱子蓋上，從裡面摸出球來，那麼摸出一個白球的機率是多少？再笨的人都知道是 50％的機率，這叫客觀機率。

但是我們這個世界絕大部分時候的資訊是陌生且不完備的，我們根本不知道外面世界是怎麼樣的，我們哪裡知道這裡面有多少個黑白球？所以問題現在換成一個箱子裡面有 100 個球，但不知道多少個白球及多少個黑球，那請問從裡面摸出一個白球的機率是多少？

這時你當然會說我怎麼知道呢？但是人類身處在這個世界不就是這樣嗎？那怎麼辦呢？貝葉斯理論就是在解決這個問題的，這就叫主觀機率。

主觀機率就是我們先用最初的主觀意識去嘗試用猜的，譬如先猜有 50％的機率是白球，接著先摸出一個球，如果發現果然是白球，那就說明

裡面是白球的機率比較高，所以你把 50％往上提一點，比如說提到 55％。接著再摸一個，如果還是白球，說明這個機率還可以再提高一點，就提到 60％。後來卻摸到一個黑球時，你會認為可能沒有 60％那麼高，就降一點。

這種利用歷史資訊逐漸了解問題的思考方式，就是貝葉斯理論。針對未知的問題，從觀察者的主觀角度出發，先以歷史經驗擬定預測機率，然後再透過每一次的觀察實際結果來修正原有的預測機率，經過多次的嘗試及不斷的反饋調整，最終就能貼近問題的真實機率。這種反覆嘗試與調整的統計估算，正是學習成長或深度學習。

簡單說，貝葉斯統計演算法就是針對陌生環境，先用主觀的經驗值做出判斷，再依據收集到的新資訊對原有判斷進行不斷的修正並做出最優化的決策，而每個新資訊均能減少外在環境的不確定性。

人類在生活過程中，不斷嘗試並累積了很多的歷史經驗，接著會定期對這些經驗進行「整理歸納」，然後得到了生活的「規律」與經驗法則。當人類遇到未知的問題或需要對未來進行「預測」時，人類就用這些「規律」，對未知問題與未來進行「預測」，進而指導自己的生活和工作。

因此，人的一生其實就是一種處理陌生及不明確問題的學習成長過程。我們剛出生來到這個世界時，面對的就是一個十分陌生的環境，那時我們的經驗值是一片空白，看到的世界也是一片模糊，就像不知道袋子裡面黑白球各有多少個，能掌握的資訊量幾乎沒有，只能憑著好奇的心理，藉由不斷的嘗試與回饋，甚至透過閱讀及學校教育，來獲取及累積資訊與經驗值，進而逐漸了解及適應四周的環境。

生命的目的是學習成長，而其最終目的就是要逐漸接近無限大的整體客觀宇宙，也就是人類永遠無法達到的「上帝視角」。

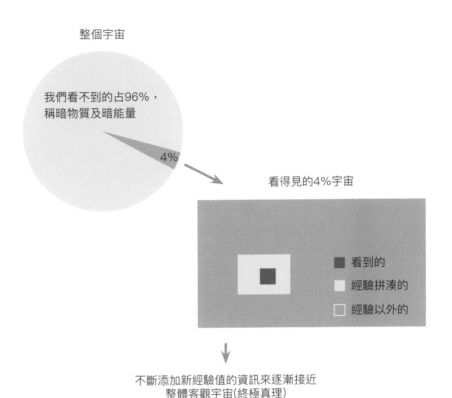

▲世界充滿未知及不明確，經驗值是有限且不完備的。

所以，我們學習成長中的真實宇宙面貌應該是：

世界充滿未知及不明確，經驗值是有限且不完備的，宇宙沒有客觀事件只有主觀意識。然後在這種情況下，我們要利用少量的資訊，來做出最佳的解決方案。這就是貝葉斯公式的理論架構，而這個架構不存在客觀的唯物，而是全屬個人信念的唯心，其結果是沒有對與錯，只有因與果。不管當時的判斷是否正確，卻是當時經驗範圍內最好的選擇，就算回到當時一萬次，那時的選擇永遠是一樣的。因此貝葉斯機率又稱主觀機率。

上帝視角

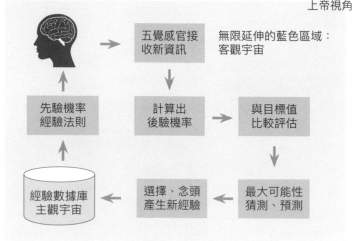

生命的貝葉斯公式有三個變數：

一、內在精神世界的主觀經驗值（業力），也就是人心。因為看不到且資訊量有限，所以人心是很難猜測的。

二、外在物質世界的新資訊值（無常力），也就是無常世界不斷出現的表象與挑戰。

三、主觀期望值，也就是目標值（宿命業力或天命願力），這是做為決策的唯一依據，譬如上班族的起床目標值是上班，因此，不管新資訊是晴天還是雨天，精神世界的人心計算後，會指揮物質世界的肉體不准賴床。

這三個變數，最重要的是「主觀期望值」，在前一堂課有提到，人生的成就是由「主觀期望值」的高度所決定。你的目標值與遠景的選擇，究竟是設定在何種高度，你的成就才有可能達到何種高度，這個決定權是在覺醒後掌握在你手中。人類是宇宙中唯一擁有想像力的創新天賦，除了宿命還有天

命，而其他物種只有一種，它們的天命就是宿命。所以，我們的「主觀期望值」根本不用外求，早就藏在靈魂的天命裡，只是我們來到世上暫時忘了。

網路上有個我很喜歡的故事，故事很精準的描述目標的精髓：

老教授問我們：「如果你去山上砍樹，正好面前有兩棵樹，一棵粗，另一棵細，你會砍哪一棵？」
問題一出，大家異口同聲回答：「當然砍那棵粗的了。」

老教授一笑，說：「那棵粗的不過是一棵普通的楊樹，而那棵細的卻是紅松，現在你們會砍哪一棵？」
我們一想，紅松比較珍貴，就說：「當然砍紅松了，楊樹又不值錢！」

老教授帶著不變的微笑看著我們，問：「那如果楊樹是筆直的，而紅松卻七歪八扭，你們會砍哪一棵？」

這時我們覺得有些疑惑，想了想便告訴教授：「如果這樣的話，還是砍楊樹。」

老教授目光閃爍著，我們猜想這次他又要加上什麼條件，果然接著他說：「楊樹雖然筆直，可由於年頭太久，中間大多空了，這時，你們會砍哪一棵？」雖然搞不懂教授到底想要什麼答案，我們還是從他所給的條件出發，討論後回答他：「那還是砍紅松，楊樹中間空了，更沒有用！」

老教授緊接著又問：「可是紅松雖然不是中空的，但它扭曲得太厲害，砍起來非常困難，你們會砍哪一棵？」我們索性也不去考慮他到底想得出什麼結論，不假思索的說：「那就砍楊樹。同樣沒啥大用，當然挑容易砍的砍了！」

接著，教授不容喘息的又問：「可是楊樹之上有個鳥巢，幾隻幼鳥正躲在巢中，你會砍哪一棵？」當大家在絞盡腦汁思考，終於，有人舉手發問：

「教授，您到底想告訴我們什麼？測試些什麼呢？」

此時，老教授語重心長的說：「你們怎麼就沒人問問自己，到底為什麼砍樹呢？雖然我的條件不斷變化，可是最終結果取決於你們最初的動機。如果想要取柴，你就砍楊樹；想做工藝品，就砍紅松。你們當然不會無緣無故提著斧頭上山砍樹吧！」

這時台下的我們被教授的一席話震住，這個短短的午後課堂，卻賦予了我們最簡單也最深刻的人生智慧：「無論求學也好、未來工作也好，一個人，只有心中先有了目標，做事的時候才不會被各種條件和現象迷惑。人生這條道路上，會遇到許多不同的人，看盡形形色色的風景，但最重要的是……絕對不能忘了自己的『初衷』……！你的目標明確了嗎？決定好了就堅持、對著目標勇往直前吧！」

我們需要透過目標來串連生命意義的三大主軸：

夢想，創新，正向思考；

也就是找到自我、厚德載物、善念。

當我們把天命與未來的時空背景相結合，就成為我們的夢想，再把我們的夢想具體化，就成為人生目標，這個過程稱為個人的生涯規劃，在企業界稱為策略規劃與目標管理，而我則稱為靈魂的策略規劃。

生命是一場深耕及釋放天賦的旅程，在進行靈魂的策略規劃之前，我們需要先訓練自己成為一位覺知者。我們是為了學習成長才來到世上，所以人生最重要的是：學習如何「深入了解自己的天命願力」與「讓宿命業力能正確看待這個世界」，而這個人生功課只有成為覺知者才能輕鬆勝任。

《道德經》第四十八章：「為學日益，為道日損，損之又損，以至於無為。無為而無不為，取天下常以無事。及其有事，不足以取天下。」

老子認為人生的學習成長，分為三個階段：

成長階段的求知識要日增，稱為學習力（IQ）；成熟階段的求智慧要日減，化繁去假為簡並歸納出本質，稱為洞察力（EQ）；覺醒階段則要減之又減，以至於空，找到天命後，則能得道也，稱為創新力（VQ）。

靈魂是天命與客觀，思想是宿命與主觀，生命是由無思想的靈魂與有思想的心智所組成的，全然有思想而忘了天命，稱為想法者；全然放下思想而成為無思想的靈魂，稱為覺知者。從想法者轉變成覺知者，佛陀稱為「成佛」，老子稱為「無為」，也就是找到藏有天命的靈魂，找到真實的自己，找到本源的自己。**而天賦就在那裡！**

痛苦是源自於主觀思想，生命其實是一種主觀與客觀的人神拉鋸戰。沒有主觀就不會有痛苦感，同時也會失去快樂感，最後只剩下空殼，形同行屍走肉。但此時如果能成為全然客觀的覺知者，在沒有任何念頭的翻轉情境下，自然就會見到寧靜之心，即所謂的「明心見性」後，靈魂芳香的喜悅感油然而生。

成為覺知者的方法有很多種，其中最為人知與廣泛運用的就是靜心冥想，不過靜心冥想有上百種以上，你可以找最適合你的方法。我的方法是睡覺與散步。

我們可以透過靜心來培養觀照力，觀照力是靈魂策略規劃最重要的一環，透過客觀的覺知者去「察覺」主觀的想法者，稱為觀照，也就是天人合一。觀照力是一種自我察覺的分析能力，要「客觀」的自我察覺，在企業是透過財務與管理報表，在個人就是觀照。

觀照力可以幫助我們消除負面情緒、糾正壞習慣、轉念及完善自我。「觀自在」是觀世音菩薩的另外一個名號，意思是，只要你能觀照自己，你能認識自己，你就可以自在了！

靜心觀照時，只是存在，什麼事都不做：

■ 沒有行動、沒有思想、沒有情緒，你就只是存在，那是一種純粹的喜樂。
■ 每當你能夠找到時間放鬆下來，只是存在，你就放棄所有的作為：
思想也是一種作為，集中精神也是一種作為，沉思也是一種作為。
即使只有一個片刻，你什麼事都不做，只是停留在你自己的中心，完全放鬆，那就是「靜心」。
■ 你變成「颱風眼」。
■ 你的生活還是會繼續，事實上它將會進行得更強烈，帶著更多的喜悅、更多的清晰、更多的洞見、更多的創造力，但你是站在山上的一個旁觀者，只是看著所有在你周遭所發生的一切。
■ 你並不是做者，你只是觀照者。

真正能夠改變命運的「靈魂策略規劃」，其基本重點與態度有：

■ 透過觀照力，深入探討自我內在的優缺點。
■ 抱持客觀與自我質疑的角度與檢討態度，視經驗為創意天敵。
■ 把人生當成一場夢的練習：如何讓夢想成真。
■ 藉助靜心：拋開身體、環境、時間的束縛及放下一切。
■ 也可以借助靜坐、旅行、音樂、渡假。
■ 找到夢源：成為覺知者。
■ 建立策略規劃的模式，不斷的透過願力來引導業力的自我檢討。
■ 堅持與定期檢討：有效改變神經迴路，讓負面熔斷及正面新生。

成為能夠客觀自我分析的覺知者後，我們就可以開始制訂靈魂的策略規劃，其基本步驟如下：

一、確定願景與釋放天賦：

這個階段最重要的事情就是認識自己進而找到自己獨有的天賦，從多元

天賦的角度來說，哈佛大學心理發展學者提供的八個天賦領域，我們可以思考自己所具備的天賦程度：

1. 語文（Verbal/Linguistic）
2. 邏輯數學（Logical/Mathematical）
3. 空間（Visual/Spatial）
4. 肢體動覺（Bodily/Kinesthetic）
5. 音樂（Musical/Rhythmic）
6. 人際（Inter-personal/Social）
7. 內省 （Intra-personal/Introspective）
8. 自然觀察（Naturalist）

因為天賦是熱情、專長與專注交會的地方，所以我們可以透過以下的自我對話來找到自己的天賦：

你最得意的一件事？是什麼專長所完成？
你最不得意的一件事？有何意義？什麼原因所造成？如何克服？
你的優點？你的缺點？
有利於改變命運的經驗值是什麼？不利於的是什麼？
你做什麼事情時，最快樂、最專注、最專長、最熱情、最滿足、最願意犧牲、樂此不疲？
如果你快死了，你最想做什麼事？
最後是綜觀全局的形成：你的天賦與未來趨勢的關係如何？

尋找天命的終極目標，在於找到人生的意義與使命，發現天賦能讓人感到真實而深層的喜悅，而喜悅與意義的結合，會讓人感到更幸福。

二、自我察覺的 SWOT 分析：

企業界在做策略規劃時，最常見的方法就是 SWOT 分析。SWOT 分析是指公司內部營運的優勢（Strength）與劣勢（Weakness），以及檢視外部環

境的機會（Opportunity）與威脅（Threat）。透過分析了解企業自身的優勢與機會，也進一步注意組織弱點與所面對的威脅，藉此善用優勢掌握機會，並補足劣勢化解威脅，以完成組織目標。這方法原先是為企業界而設計，現在被廣泛運用在教導個人察覺自我的狀況，並根據分析資料來規劃個人的生涯發展。SWOT 分析可以幫助我們評估可能阻礙或支撐天命的內在與外在因素。

這個階段是在已經找到天命初始值（願力）的情狀下，透過內在經驗值（業力）與外在資訊值（無常力）的分析，重新認識自己，以歸零心態，重新吸收創新的經驗值，藉以掌握未來的趨勢與更新陳舊僵固的經驗值。

SWOT 分析可以提高我們的預測精確度，人生不是在比誰對誰錯，人生是一場不斷犯錯換取寶貴經驗的學習成長過程，也就是比誰的精確度比例，最終是最高的。不需要想追求終極完美的預測，那是不可能的，只有上帝能，只要精確預測（方向）比競爭者好，就算贏了。

在朝向你要的人生邁進，先看清自己現在的立足點！

三、設定夢想的達成策略與目標：

精確觀照的 SWOT 分析後，接著就是量身定做人生夢想的策略目標與執行方案。

只有思考嚴密的計畫，才能確保目標如期達成。

四、採取行動與盡情舞動熱情：

執行階段最重要的是紀律、熱情與堅持、檢討與調整。我從事管理工作時，有養成一個好習慣，即每天看「管理日報表」及召開每月的「經營績效檢討會」，有異常，立即檢討改善。每天達成就能每週達成，每週達成就能每月每季每年達成。成功是日積月累的，絕非憑空出現。

　　靈魂的策略規劃就是貝葉斯演算法，就是生命三個自我的天命與宿命的演算法，就是三股力量，願力、業力與無常力的演算法。

　　根據哈佛大學，美國人口中只有 10％ 的人曾在腦海裡訂下目標，而將目標寫下來的更只有 3％。

　　退休後：財務完全自由只有 3％，稍微無憂慮的有 10％，其他，不是已經過世就是很勉強過日子。

　　經由態度的改變，人生才會有改變；人終究成為自己想像、認為的樣子。真正掌握未來，能達成卓越成就的人，都是因為他為自己訂立了目標，並隨著環境的變化而不斷的做調整，及對下一步要做什麼一直很清楚。

　　訂立目標能幫助我們全力以赴、集中心力，更提供了我們衡量成功的可能性。每次你訂立一個目標，然後完成那個目標，就是一種不斷增強自信的過程。自信能改變一個人，自信也能擴散到生活很多不同的層面，不但對自己的專長更有自信，而且還會對很多其他的事提高信心。

　　目標，是具有兌現日期的夢想，也是一種清楚、具有挑戰性及實在的目標。

　　最後，當你問我，為何有些人的人生會特別精彩，我會說，那是因為他們選擇了一條別人沒走過的路，這讓我想起羅伯特·佛羅斯特的那首詩：

《未選擇之路》

金色的樹林裡有兩條的岔路，
可惜我不能沿著兩條路行走；
我久久地站在那分岔的地方，
極目眺望其中一條路的盡頭；
直到它轉彎消失在樹林深處。

然後我毅然踏上了另一條路，
這條路也許更值得我嚮往，
因為它荒草叢生，人跡罕至；
不過說到冷清與荒涼，
兩條路幾乎是一模一樣。

那天早晨兩條路都鋪滿落葉，
落葉上都沒有被踩踏的痕跡。
我把第一條路留給未來，
我知道未來還有許多路要走，
可我不知能否再走同一條路。

也許在多年以後，
我將會一邊嘆息一邊述說：
樹林中有兩條小路，
我選了一條人跡稀少的路，
結果從此都不一樣了。

EPILOGUE

心靈成長最重要的是看你在困境當中的表現，就像歌德的一首詩中所說：「只要還沒經歷過這件事：赴死以成長，你就只是這個黑暗塵世裡，一個不安的訪客。」

最後謹以這首詩獻給正在追尋自我的朋友：

你靠什麼謀生，我不感興趣。
我想知道你渴望什麼，
你是不是敢夢想你心中的渴望。

你幾歲，我不感興趣。
我想知道你是不是願意冒看起來像傻瓜的危險，
為了愛，為了你的夢想，為了生命的奇遇。

什麼星球跟你的月亮平行，我不感興趣。
我想知道你是不是觸摸到你憂傷的核心，
你是不是被生命的背叛敞開了心胸，
或是變得枯萎，因為怕更多的傷痛。
我想知道你是不是能跟痛苦共處，
不管是你的或是我的，
而不想去隱藏它、消除它、整修它。

我想知道你是不是能跟喜悅共處，
不管是你的或是我的，
你是不是能跟狂野共舞，

讓激情充滿了你的指尖到趾間，
而不是警告我們要小心，要實際，
要記得做為人的侷限。

你跟我說的故事是否真實，我不感興趣。
我想要知道你是否能夠為了對自己真誠而讓別人失望，
你是不是能忍受背叛的指控，而不背叛自己的靈魂。

我想要知道你是不是能夠忠實而足以信賴。
我想要知道你是不是能看到美，
雖然不是每天都美麗，
你是不是能從生命的所在找到你的源頭，
我也想要知道你是不是能跟失敗共存，
不管是你的還是我的，
而還能站在湖岸，
對著滿月的銀光吶喊「是啊！」。

你在哪裡學習？學什麼？跟誰學？我不感興趣。
我想要知道，當所有的一切都消逝時，
是什麼在你的內心支撐著你。
我想要知道你是不是能跟你自己單獨相處，
你是不是真的喜歡做自己的伴侶，在空虛的時刻裡。

在 2019 年的最後一天，
終於完成這本書。

謹以這本書
獻給我生命中所有的貴人，
不管是愛過還是恨過，
因為他們，我才能完成這本書，
感恩！

When? 20

量子力學與混沌理論的人生十二堂課

人生十二堂課 混沌理論的 量子力學與

量子力學與混沌理論的人生十二堂課 / 林文欣作 .
-- 初版 . -- 臺北市：八方出版，2020.05
　面；　公分 . -- (When？; 20)
ISBN 978-986-381-217-3(平裝)

1. 量子力學 2. 混沌理論 3. 人生哲學

331.3　　109004747

2023 年 09 月 11 日　　初版第 8 刷　定價 300 元

著者／林文欣

總編輯／洪季楨

編輯／陳亭安

排版編輯／菩薩蠻數位文化有限公司

封面設計／王舒玕

發行所／八方出版股份有限公司

發行人／林建仲

地址／台北市中山區長安東路二段 171 號 3 樓 3 室

電話／ (02)2777-3682

傳真／ (02)2777-3672

總經銷／聯合發行股份有限公司

地址／新北市新店區寶橋路 235 巷 6 弄 6 號 2 樓

電話／ (02)2917-8022・(02)2917-8042

製版廠／造極彩色印刷製版股份有限公司

地址／新北市中和區中山路二段 380 巷 7 號 1 樓

電話／ (02)2240-0333・(02)2248-3904

郵撥帳戶／八方出版股份有限公司

郵撥帳號／ 19809050